计算机辅助设计与制造

主 编 孙 昂 刘德良 曹淑华

大连海事大学出版社

图书在版编目(CIP)数据

计算机辅助设计与制造 / 孙昂，刘德良，曹淑华主编. — 大连：大连海事大学出版社，2019.5
ISBN 978-7-5632-3794-4

Ⅰ.①计… Ⅱ.①孙… ②刘… ③曹… Ⅲ.①计算机辅助设计②计算机辅助制造 Ⅳ.①TP391.72 ②TP391.73

中国版本图书馆 CIP 数据核字(2019)第 093031 号

大连海事大学出版社出版

地址：大连市凌海路1号 邮编：116026 电话：0411-84728394 传真：0411-84727996

http://www.dmupress.com E-mail:cbs@dmupress.com

大连住友彩色印刷有限公司印装 大连海事大学出版社发行

2019 年 5 月第 1 版 2019 年 5 月第 1 次印刷

幅面尺寸：184 mm×260 mm 印张：8.5

字数：205 千 印数：1~1000 册

出版人：徐华东

责任编辑：张 冰 责任校对：宋彩霞

封面设计：解瑶瑶 版式设计：解瑶瑶

ISBN 978-7-5632-3794-4 定价：20.00 元

内容简介

本书系统地介绍了 CAD/CAM 技术的基本理论和基础知识,主要内容包括:CAD/CAM 概述;产品数字化造型技术;计算机辅助工艺过程设计;数控加工基础;计算机辅助数控加工过程仿真。本书的目的是培养学生分析和解决计算机辅助设计与制造问题的能力。

本书可作为高等院校机械类、近机械类专业计算机辅助设计与制造课程的教材,也可供从事 CAD/CAM 和现代制造技术的工程技术人员参考。

前　言

计算机辅助设计与制造(CAD/CAM)技术是计算机技术与信息技术、机械设计、制造技术相互结合与渗透而产生的一门综合性应用技术,具有知识密集、综合性强、应用效率高等特点。CAD/CAM 技术的发展与应用,不仅改变了产品设计制造的工作内容与方式,而且有利于发挥设计人员的创造性。

目前基于 CAD/CAM 的现代工业技术知识的讲授已经成为高等学校工程类人才培养的一项重要内容。针对机械、船机、物流工程、救捞等机械类或近机械类专业,我校开设了 CAD/CAM 技术基础、计算机辅助设计与制造、CAD/CAM/CAPP 等相关课程。本书将 CAD/CAM 技术的单元模块功能全面融入相关课程,使教学内容和方法适应现代科学技术发展的需要,培养学生的现代化工程素质和创新能力,满足现代制造业对 CAD/CAM 人才的需求。

CAD/CAM 技术涉及内容和应用范围十分广泛,本书以系统性和实用性为原则,取材合适,深度适宜,分量恰当。内容的阐述循序渐进,富有启发性、适应性,便于学习,有利于激发学习兴趣及培养能力。

本书以机械类、近机械类专业本科生和专科生为主要对象,在学生掌握产品设计与制造等知识的基础上,使其系统学习 CAD/CAM 技术的基本原理与方法,为学生应用和开发 CAD/CAM 软件奠定基础,培养学生应用计算机从事产品开发、生产和系统集成的能力。

本书由孙昂、刘德良、曹淑华主编。由于编者水平有限,加之时间仓促,书中疏漏与错误之处在所难免,诚恳欢迎读者批评指正。

编　者

2019 年 3 月

前言

编者

目 录

第 1 章 CAD/CAM 概述

1.1　CAD/CAM 技术的基本概念

CAD(计算机辅助设计)和 CAM(计算机辅助制造)是 20 世纪 60 年代发展起来的新型计算机综合应用技术。在机械制造领域,随着技术的进步,用户对产品质量的要求越来越高,产品更新换代的速度越来越快,产品从设计、制造到投放市场的周期越来越短,为了适应这一高效率、高技术竞争的时代,制造企业通过采用一系列先进技术来提高企业在市场中的竞争力,计算机辅助设计与制造(Computer Aided Design and Manufacturing,简称 CAD/CAM)技术应运而生,在国际上被公认为 20 世纪 90 年代的重要技术成就之一。

CAD/CAM 将计算机辅助设计和计算机辅助制造集成,将产品设计和产品工艺通过计算机有机结合,用计算机处理产品生产周期所包含的各种数字信息与图形信息,辅助完成产品的设计和制造。CAD/CAM 技术将现代制造技术、电子信息技术与计算机技术紧密结合,具有知识密集、学科交叉、综合性强、应用范围广等特点。CAD/CAM 技术是先进制造技术的重要组成部分,它的发展和应用使传统的产品设计、制造内容和工作方式等都发生了根本性的变化。CAD/CAM 技术已成为衡量一个国家科技现代化和工业现代化水平的重要标志之一。

CAD/CAM 的内容如图 1-1 所示,广义 CAD 包括产品设计和产品分析两大部分,产品设计包含任务规划、概念设计、结构设计和绘制图形等阶段,属狭义 CAD;产品分析包含有力学分析、运动分析和优化设计,属计算机辅助工程(CAE,Computer Aided Engineering)。计算机辅助工艺设计(CAPP,Computer Aided Process Planning)涉及工艺规划、工序设计和工装设计等加工过程;计算机辅助制造(CAM,Computer Aided Manufacturing)涉及数控编程、加工仿真、数控加工、装配和测试检验等生产阶段。

CAD 以计算机和图形处理设备为工具,借助计算机强有力的计算功能和高效率的图形处理能力,辅助工程设计人员运用各自的专业知识,对产品进行总体设计、绘图、分析和编写技术文档等设计活动。CAD 的功能包括草图设计、零件设计、装配设计、工程分析、自动绘图、真实感显示及渲染等。此外,产品的 CAD 模型还可为 CAE 提供三维实体模型。

CAE 是用计算机辅助完成复杂工件和产品的结构强度、刚度、屈曲稳定性、动力响应、热传导、三维多体接触、弹塑性等力学性能的分析计算以及结构性能的优化设计等问题的一种近似数值分析方法,利用 CAE 系统可以进行产品的结构分析与优化。

CAPP 是以计算机为工具,根据产品设计所给出的信息,对产品的加工方法和制造过程进行的工艺设计。一般认为,CAPP 的功能包括毛坯设计、加工方法选择、工艺路线制订、工序设计和工时定额计算等。其中,工序设计又包括装夹设备的选择或设计,加工余量分配,切削用量选择以及机床、刀具、夹具的选择和必要工序图的生成等。CAPP 是一种将企业产品设计数据转换为产品制造数据的技术。

CAM 是将计算机应用于产品制造过程的总称,其核心是计算机数值控制[简称数控,NC

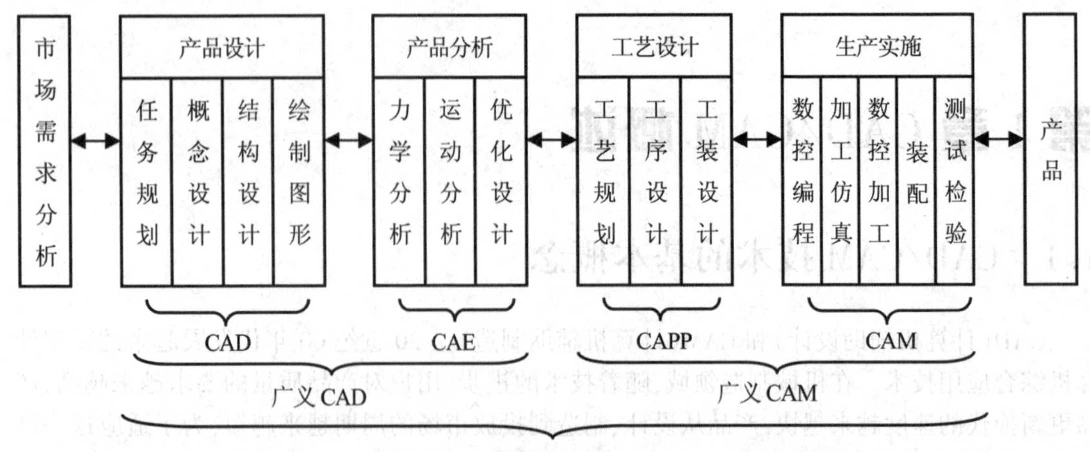

图1-1　CAD/CAM内容

(Numerical Control)]。CAM有狭义和广义的两个概念。狭义CAM指的是从产品设计到加工制造之间的一切生产准备活动,它包括CAPP、NC编程、工时定额的计算、生产计划的制订、资源需求计划的制订等。广义的CAM包含的内容则更广,除了包含狭义的CAM定义的所有内容外,还包括制造活动中与物流有关的所有过程,如加工、装配、检验、存贮、输送等活动的监视、控制和管理。

1.2　CAD/CAM技术的发展过程

CAD/CAM技术是随着电子技术、计算机技术、自动控制技术和网络技术的发展而逐步发展起来的,是制造工程技术与计算机技术相互结合、相互渗透而发展起来的一项综合性技术。

1.2.1　CAD技术的发展

CAD技术的发展与计算机技术、计算机图形技术的发展密切相关。CAD技术共经历了五个发展阶段:

1.2.1.1　诞生阶段

1950年,美国麻省理工学院(MIT)发明了第一台图形显示器,该显示器用一个类似于示波器的阴极射线管(CRT)来显示一些简单的图形,标志着计算机图形学的诞生;到20世纪50年代末期,类似的技术在设计和生产过程中陆续得到应用,标志着交互式计算机图形学的产生,为CAD技术的问世奠定了基础。

1959年12月,MIT召开的一次计划会议,明确提出了CAD的概念。

1962年,MIT林肯实验室的Ivan E. Sutherland发表了一篇题为《SKETCHPAD:一个人机通信的图形系统》的博士论文,第一次设计出“人机交互图形系统”。该系统使用了早期的电子管显示器,以及当时发明不久的光电笔,支持用户用光电笔在图形显示器上实现选择、定位等交互功能,也允许用户在指定的位置画出直线、圆等简单的图形。SKETCHPAD是最早的计算机图形设计系统,采用人机界面和分层的数据结构,可以将一张较复杂的图形通过分层调用多个子图来合成,同时提出了交互图形的基本理论和显示技术,被认为是现代计算机辅助设计(CAD)的始祖;该系统也是第一个交互式电脑程序,成为其后众多交互式系统的蓝本。

1.2.1.2　发展应用阶段

20 世纪 60 年代，随着光栅显示器的产生，人们开发了光栅图形学算法，区域填充、裁剪、消隐等基本图形概念及其相应算法纷纷出现，计算机图形学进入了兴盛时期，开始出现实用的 CAD 图形系统。同期也出现了商品化的 CAD 设备，CAD 技术开始进入了发展和应用阶段。由于当时的计算机及图形设备价格昂贵，技术复杂，只有一些实力雄厚的大公司才能使用这一技术。如 1964 年，美国通用汽车公司（GM）成功开发出用于汽车前玻璃线设计的 DAC-1 系统，使汽车工业首先进入 CAD 时代；同年，IBM 公司发明了计算机图像仪终端 IBM2250 显示装置；1965 年，美国洛克希德公司组成专门小组，花费了 100 人年的工作量，于 1972 年成功设计出一个用于飞机设计的交互式图像处理系统，名为 CADAM，该系统能绘制工程图，能进行分析计算，并产生数控加工纸带，是世界上最早 CAD/CAM 系统。

1.2.1.3　广泛应用阶段

20 世纪 70 年代，小型计算机的生产成本下降，美国工业界开始广泛使用交互式绘图系统。同期诞生了以自由曲面造型技术为基础的三维曲面造型系统，用于解决飞机及汽车制造中大量的自由曲面设计问题，标志着 CAD 技术从单纯辅助产品工程图纸设计向用计算机完整描述产品设计信息的方向转化。

20 世纪 80 年代初，为了能够精确描述机件的质量、重心和转动惯量等物理特性，出现了基于实体造型技术的实体造型 CAD 系统。1979 年美国的 SDRC 公司推出了世界上第一个基于实体造型技术的大型 CAD/CAM 软件 I-DEAS。实体造型技术是 CAD 发展史上的一次技术革命，它能够精确表达机件的物理属性，有助于统一 CAD、CAE、CAM 等的模型表达，方便了机械设计，也指明了 CAD 技术的发展方向。20 世纪 80 年代中期，出现了参数化实体造型技术，CAD 技术进入高速发展时期，得到了广泛的应用。

1.2.1.4　高速发展阶段

20 世纪 90 年代后，各种集成的 CAD 商品化软件日趋成熟，应用越来越广泛。图形接口、图形功能日趋标准化；多媒体技术和人工智能、专家系统等技术的应用极大地提高了设计的自动化程度，出现了智能 CAD 系统；随着计算机技术的不断成熟，CAD 系统具有了更良好的开放性。CAD 技术不再停留在单一模式、单一功能、单一领域，而是开始向标准化、集成化、网络化、智能化等方向发展。同期出现的参数化和变量化建模技术，使 CAD 系统成为产品设计的一个综合性的支撑环境，能够支持异地的、数字化的设计工作。

1.2.1.5　普及阶段

目前，随着计算机软、硬件及网络技术的发展，计算机已渗透到人们生产、生活的各个领域，出现了基于 PC+Windows 操作系统、工作站+UNIX 操作系统和网络环境的计算机辅助技术（CAX）。CAX 将 CAD、CAM、CAPP 和 CAE 等系统的功能集成应用，成为企业产品开发、设计、制造能力和技术先进性的重要标志，并进一步影响着企业在激烈的市场竞争中的生存空间和发展潜力。

1.2.2　CAM 技术的发展

计算机技术与机械制造技术相互结合和渗透，产生了计算机辅助设计与制造技术（CAD/CAM），其具有知识密集、综合性强、效益高等特点。20 世纪 50 年代初期，美国麻省理工学院伺服机构试验室成功研制出第一台数控铣床，其后又成功研制了首台阴极射线管计算机“旋风(Whirlwind)”。同时 MIT 研制开发了自动编程语言 APT(Automatically Programmed Tools),能通过描述走刀轨迹实现计算机辅助编程。MIT 用计算机制作数控纸带,实现数控编程的自动化,标志着 CAM 技术的开始,其历史稍早于 CAD 技术。

随着交互式计算机图形显示技术的迅速发展,许多大公司认识到 CAM 技术的先进性和重要性,纷纷投以巨资,研制和开发了一些早期的 CAD/CAM 系统。如 IBM 公司开发出具有绘图、数控编程和强度分析等功能的基于大型计算机的 SLT/MST 系统;1962 年,美国机器人学家恩格尔伯格在数控技术的基础上成功研制出世界上第一台机器人,实现了物料搬运自动化;1965 年,美国洛克西德公司推出了 CADAM 系统;1966 年,出现了用大型通用计算机直接控制多台数控机床的 DNC 系统,初步形成了 CAD/CAM 产业。

早期的 CAM 系统以大型机为主,在专业系统上开发编程机及部分编程软件,系统结构为专机形式,基本的工作方式是以人工或计算机直接辅助计算数控刀路,编程目标与对象也是数控刀路,功能较差,操作困难,只能专机专用。

随着 CAD 技术的发展和曲面生产的加工需要,在早期 CAM 系统的基础上,出现了曲面 CAM 系统,系统结构一般采用 CAD/CAM 混合系统,能更好地利用 CAD 模型,以几何信息作为系统参照,自动生成加工刀路,提高了系统的自动化和智能化程度,具有代表性的系统有 UG、DUCT、Cimatron、MarsterCAM 等。

20 世纪 90 年代,CAD/CAM 技术已走出了它的初级阶段,进一步向标准化、集成化、智能化和自动化的方向发展,突出特点表现在:面向对象、面向工艺特征,基于知识的智能化,能够独立运行,方便工艺管理。为了实现系统集成,更加强调信息和资源共享,强调产品生产与组织管理的自动化,能够解决系统存在的数据标准和数据交换问题,随之出现产品数据管理(PDM)软件系统。在这个时期,国外许多 CAD/CAM 软件系统更趋于成熟,商品化程度大幅度提高。如美国 PTC 公司推出的 Pro/E 系统及美国 UNIGRAPHICS 公司研制的 UG 系统等。

进入 21 世纪,CAD/CAM 技术开始注重其在工程中的工具性,系统集成的焦点集中在新的设计与制造理念上,产生了基于知识工程的 CAD/CAM 技术、面向制造与装配的 CAD/CAM 技术等,使得 CAD/CAM 技术更贴近工程实际和工程技术人员。同时,CAD/CAM 技术一方面与 CAE 和 CAPP 更紧密地集成,另一方面向逆向工程、快速成型等技术方向延伸,使得 CAD/CAM 技术在机械行业中具有越来越举足轻重的地位。

1.3 CAD/CAM 技术的基本功能

随着 CAD/CAM 技术的发展,CAD/CAM 技术已经成为应用最广的实用技术,推动了制造业的发展和进步,促使制造业发生了根本性的变革。CAD/CAM 技术及其应用水平已成为衡量一个国家工业生产水平和现代化程度的重要标志。

CAD/CAM 使计算机技术应用于产品设计制造的各个环节, 将产品的整个生产周期转化为一个复杂的信息生成和处理过程。CAD/CAM 系统的工作过程如图 1-2 所示,可有效改善传统手工设计的缺陷,充分发挥计算机高速、准确、高效的计算功能;具有图形处理、文字处理、数据存储、数据传递和加工的功能;在运行过程中,CAD/CAM 系统与工程人员的经验、知识和创造性结合,形成人机交互、各尽所长、紧密配合的系统,最终提高设计和制造的质量和效率。

通常 CAD/CAM 系统应具备以下几个基本功能:

1.3.1　几何建模

几何建模是 CAD/CAM 系统的核心功能。在整个产品设计和制造过程中，形状设计、工程分析、工艺设计和数控编程等方面的技术都与几何模型有关，几何建模为产品的设计、分析计算及制造提供基础信息。几何建模所定义的几何模型可供有限元分析、绘图、仿真、加工等模块调用。几何建模通常包括零件建模、产品装配建模以及 DFX 分析（面向产品）等功能模块。

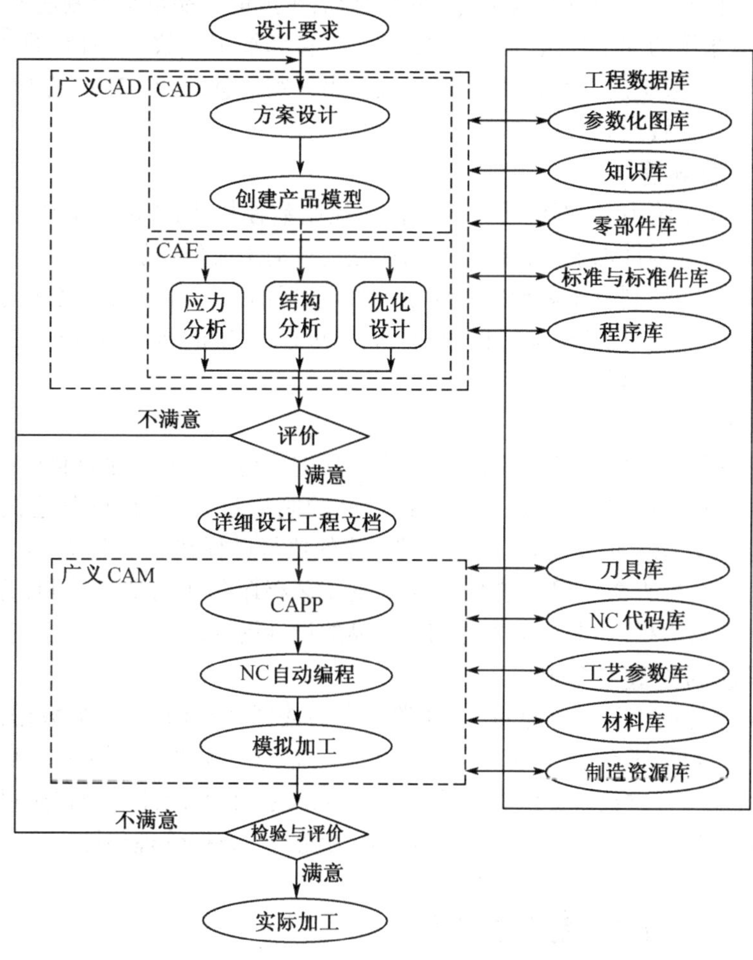

图 1-2　CAD/CAM 系统的工作过程

1.3.2　工程分析与优化

根据产品的三维几何模型和装配模型，CAD/CAM 系统可以对产品进行深入准确的工程分析。工程分析主要是对产品的性能、特征进行理论分析和计算，包括结构分析、应力分析、载荷计算、有限元分析、优化设计等，并采用丰富多彩的手段把分析结果表示出来，非常形象直观。这种分析的深度和广度是手工设计方法无法比拟的。常用的工程分析内容包括：运动学、动力学分析，有限元分析，优化设计等。

1.3.3　工程绘图

工程上要求产品设计的结果以图样形式出现，因此 CAD/CAM 系统的工程绘图功能必不可少。这就要求 CAD/CAM 系统要具备处理二维图形的能力，包括基本图元的生成、标注尺寸、图形的编辑、附加技术要求、显示控制等功能,以生成符合生产要求和国家标准的产品图样。另一方面,目前三维 CAD/CAM 系统逐渐成为主流,要求 CAD/CAM 系统具有将三维模型转换为二维图形的功能,并能够关联二维图形和三维模型之间的信息。

1.3.4 计算机辅助工艺规程设计

工艺规程设计是加工制造产品时的指导性文件,计算机辅助工艺规程设计(CAPP)是 CAD 与 CAM 的中间环节。CAPP 系统能根据建模后生成的产品信息及制造要求,自动决策出加工该产品所应采用的加工方法、加工步骤、加工设备和加工参数。CAPP 的设计结果可应用于生产实际,辅助生成工艺卡片文件,同时直接输出一些信息,为 CAM 中的 NC 自动编程系统接收、识别,并可直接转换为刀位文件。

1.3.5 NC 自动编程

在 CAD/CAM 系统中,计算机通过数控程序控制数控机床的工作过程,要求系统能控制三、四、五坐标机床的零件加工,直接产生刀具轨迹,自动生成数控加工程序。

数控加工程序是控制机床运动的源程序,内容包括加工零件时机床各种运动和操作的全部信息,如加工工序各坐标的运动行程、速度、联动状态、主轴的转速和转向、刀具的更换、切削液的打开和关断以及排屑等。

1.3.6 模拟与仿真

模拟仿真是指对产品从设计到制造的整个过程进行动态仿真。根据创建的产品数字化模型对产品进行性能预测,在软件系统中模拟产品的制造过程,进行可制造性分析。借助于 CAD/CAM 系统的动态模拟加工系统,将数控程序的执行过程在屏幕上显示出来,在软件上实现零件的试切过程,检查数控程序错误,对给定的工艺极限值进行监控检测,可有效降低现场调试带来的人力、物力投入,减少成本并缩短产品的设计周期。

1.3.7 工程数据处理和管理

CAD/CAM 工作时会涉及信息量大、种类繁多的数据,既有几何图形数据,又有产品定义数据和生产控制数据;既有静态标准数据,又有动态过程数据,结构比较复杂。这就要求 CAD/CAM 系统能对各类数据提供有效的管理手段,支持工程设计与制造全过程的信息流动与交换。CAD/CAM 系统通常采用工程数据库作为统一的数据管理环境。

1.4 CAD/CAM 系统的组成

完整的 CAD/CAM 系统应具备硬件系统、软件系统和技术人员,系统组成如图 1-3 所示。其中,软件是 CAD/CAM 系统的核心,相应的硬件设备是软件正常运行的基础,而任何功能强大的 CAD/CAM 系统都只是一个辅助性的设计工具,CAD/CAM 系统的正确运行离不开技术人员的创造性活动。软件、硬件及技术人员这三者的有效融合,是发挥 CAD/CAM 系统强大功能的前提。

1.4.1 CAD/CAM 系统的硬件

硬件通常是指构成系统的一切可触摸的物理设备的总称。对于一个既定的 CAD/CAM 系统,可以根据其应用范围及其使用的软件,选用不同规模、不同结构、不同功能的计算机、外设及生产加工设备。CAD/CAM 硬件系统应具有强大的图形处理和人机交互功能、相当大的内外存容量及良好的通信联网功能。CAD/CAM 硬件系统的组成包括:主机、外存储器、输入设备、输出设备、生产设备、网络和通信设备等设备。

1.4.1.1　主机

主机是 CAD/CAM 系统硬件的核心,由中央处理器(CPU)、内存储器及主板组成,主机的性能主要取决于 CPU 的性能。CPU 由控制器、运算器及各种寄存器组成,用于存取指令、分析指令和执行指令,完成各种运算和分析,CPU 的主频和寄存器的位数是影响 CPU 性能和速度的重要因素。内存通过主板与 CPU 相连,可分为只读存储器 ROM 与随机存储器 RAM。

CAD/CAM 系统的性能主要取决于主机的类型及性能。主机的性能指标包括运算速度、字长和内存大小等。

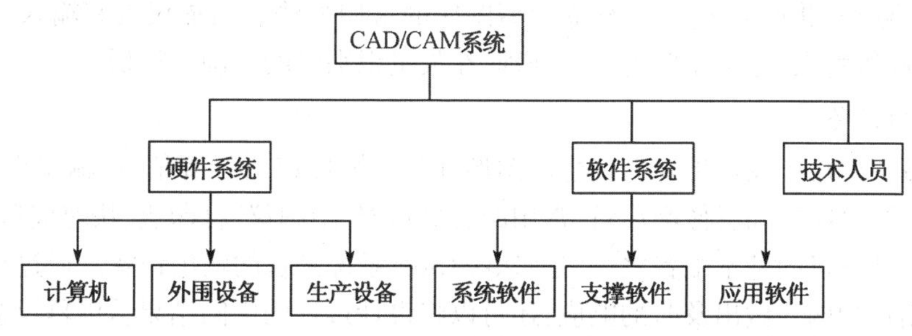

图 1-3　CAD/CAM 系统的组成

典型的 CAD/CAM 硬件系统的配置方案常采用分布式网络结构,如图 1-4 所示。

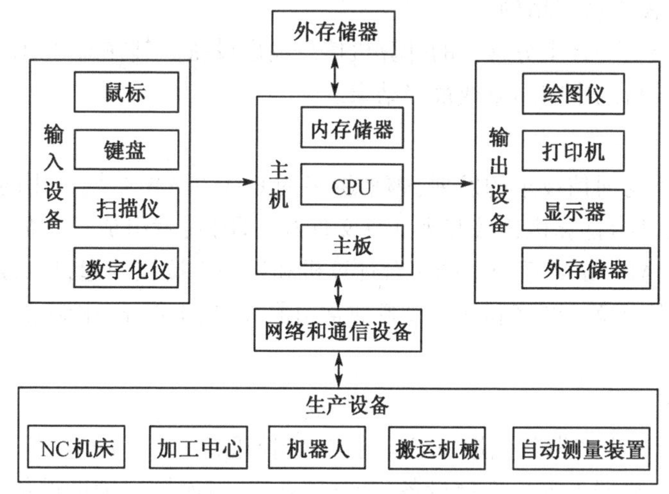

图 1-4　CAD/CAM 硬件系统

1.4.1.2　外存储器

外存储器用于长期保存 CAD/CAM 系统的数据和程序,其特点是存储量大和便于携带,可分为移动存储器和固定存储器两种,软盘、光盘、U 盘、移动硬盘是比较典型的移动存储设备,而固定硬盘或磁带机是比较典型的固定存储设备。外存储器的主要性能指标是存储容量和存储速度。

1.4.1.3　输入设备

输入设备是人机交互的重要工具,技术人员通过输入设备向主机输入数据、程序、图形等信息。输入设备包括键盘、鼠标、操纵杆、数字化仪、光笔、扫描仪、触摸屏、语音输入设备、数据手套、位置跟踪仪和数码相机等。信息不同,则适用的输入方式不同,数据类型也不同。主机通过输入设备将各种外部数据转换成可以识别的数字信号。

键盘、鼠标是常用的输入设备。键盘用于输入字符、命令、程序等信息;鼠标是比较常用的定位输入设备,通过鼠标在桌面上的移动可以控制屏幕上的光标来完成定位、拾取和选择等操作。

数字化仪由电磁感应图形板和定标器组成,专门用来读取图形信息,可将图形转换成数字信号输入到计算机中,其主要技术指标是分辨率和精度。扫描仪是一种光栅式输入设备,通过光电阅读装置可以快速将图形、图像和文本扫描到计算机中,以位图格式存储。通过对扫描图形进行矢量化处理,获得矢量图,是建立大型图库的常用方法。扫描仪具有输入工作量小、速度快、成像准确等特点,但是需要进一步处理,在矢量识别时的正确率较低。

1.4.1.4 输出设备

输出设备主要用于在输出媒介上生成图形、图像、影像或语音等信息,输出设备可以分为显示类、绘图类、打印类和影像类设备,常用的有显示器、绘图仪、打印机、快速成型设备等。

显示器是计算机的基本配置之一,是 CAD/CAM 系统必备的输出设备。通过显示器,系统可以随时对用户的输入做出及时的响应,还可以将设计过程的中间结果从屏幕反馈给用户,方便用户进行编辑和修改,它是人机交互必不可少的工具。分辨率是显示器的一个主要技术指标。所谓分辨率是指屏幕上可识别的最大光点数,对于相同尺寸的屏幕,光点数越多,每个光点就越精细,显示的图形就越精确。

打印机和绘图仪是一种十分常见的计算机信息输出设备。其在 CAD/CAM 系统中主要用来输出设计或计算分析的中间结果或最终结果。

1.4.1.5 网络和通信设备

随着计算机技术与通信技术的发展,越来越多的 CAD/CAM 系统采用网络化系统。网络的规模有大有小,如两台计算机连接起来共享文件和打印机,就组成一个简单的小型网络;通过 Internet,可以把 CAD/CAM 系统中的多台计算机和设备连接在一起,构成局域网或万维网,实现信息共享和数据交换。网络和通信设备通常由服务器、工作站、电缆、网卡、集线器和其他网络配件组成。

1.4.1.6 生产设备

CAD/CAM 系统的生产设备包括加工设备(如数控机床、加工中心等)、物流搬运设备(如有轨小车、无轨小车、机器人等)、仓储设备(如立体仓库、刀库等)、辅助设备(如对刀仪等),这些设备通常采用 RS232 通信接口、DNC 接口或某些专用接口与 CAD/CAM 系统中的计算机连接,以获取和接收设备的状态信息和其他数据信息,向设备发送命令和控制程序等。

1.4.2 CAD/CAM 系统的软件

硬件为 CAD/CAM 系统的工作提供物理基础,而系统功能的实现则必须由软件的运行来完成。软件是指控制计算机运行的程序、数据及文档等,软件是 CAD/CAM 系统的核心。计算机软件的研究重点是如何有效地管理和使用硬件,软件水平的高低直接影响到 CAD/CAM 系统的功能、工作效率及使用的方便程度。从 CAD/CAM 系统的发展趋势来看,软件占据着越来越重要的地位。

根据软件在 CAD/CAM 系统中的任务和服务对象的不同,可将软件系统分为三个层次,即系统软件、支撑软件和应用软件，如图1-5所示。

1.4.2.1　系统软件

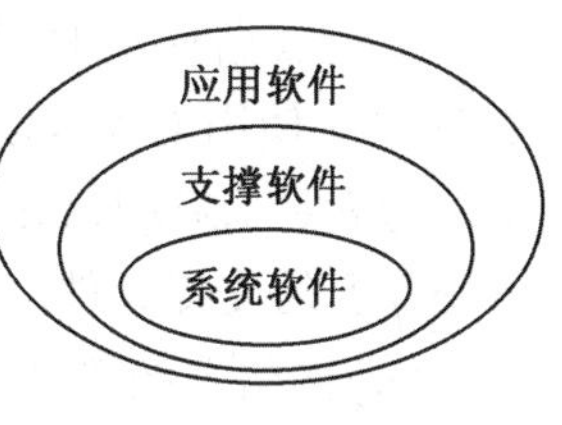

图1-5　CAD/CAM软件系统

系统软件主要用于计算机硬件的管理、维护和控制，并支撑和控制其他软件的执行，是用户管理硬件资源和软件资源的平台。系统软件有两个特点：一是通用性，不同领域的用户都会用到，可多机通用或多用户通用；二是基础性，系统软件是支撑软件和应用软件正常运行的基础。系统软件一般包括操作系统、编程语言编译系统、网络和通信管理系统、外部设备管理系统等。系统软件为用户使用计算机提供了简洁、友好的操作界面，按其功能和工作方式可分为单用户、批处理、实时、分时和网络操作系统。

目前比较常用的系统软件有Windows NT、Windows XP、UNIX、LINUX等。

1.4.2.2　支撑软件

支撑软件是CAD/CAM软件系统的核心，是各类应用软件的基础。支撑软件不操作具体的应用对象，而是为特定领域的用户提供工具或开发环境，是为满足CAD/CAM系统的共同需要而开发的通用软件。近年来，支撑软件的开发研制取得了很大的进展，出现了许多商品化的支撑软件。根据功能不同，可将支撑软件分为图形支撑软件、CAE软件、工程数据库管理系统和网络系统软件。

(1)图形支撑软件

计算机图形系统是CAD/CAM技术的核心，图形支撑软件功能的强弱是评价CAD/CAM系统的重要指标。图形支撑软件主要包括绘图软件和三维几何建模软件。

绘图软件是CAD/CAM系统最基本的图形支撑软件，用来完成符合标准和工程要求的零件图和装配图。绘图软件的基本功能包括图形生成、图形存储、图形编辑、标注尺寸、显示控制、人机交互、输入图形以及输出打印工程图等，目前应用最广泛的是AutoCAD系列软件，有些大规模CAD/CAM系统会具备一个独立制图模块来完成自动绘图。

三维几何建模软件可以为用户建立产品完整的集合描述及特征描述，同时为产品的设计和制造提供统一的产品信息模型，具有几何建模、曲面建模和参数化特征建模等基本功能。三维建模软件一般都具有真实感显示及二、三维联动的功能，支持CAD/CAM系统的后续各个环节的操作。目前，国际上主流的三维建模软件有CATIA、UG、Pro/E等。

(2)CAE软件

为了用计算机辅助求解复杂的工程问题，诞生了计算机辅助工程CAE(Computer Aided Engineering)技术，这是建立在计算机技术、最优化数学理论和数值分析技术基础上的一种近似数值分析方法，用来求解诸如产品结构强度、刚度、屈曲稳定性、动力响应、热传导、三维多体接触、弹塑性等问题。

CAD/CAM系统广泛采用的CAE软件是分析和优化软件。商品化的分析软件有很多，如ANSYS、ABAQUS、NASTRAN等，其中比较著名的是ANSYS软件，它是国际上最流行的有限元分析软件，可进行结构的静态、动态分析，还可进行流体、热场、电场、磁场、声场分析和压电分析等。

(3)工程数据库管理系统

工程数据库管理系统(Engineering Database Management System,EDBMS)软件对CAD/CAM系统使用的大量烦琐数据进行处理和管理,对数据进行输入、输出、分类、存储、检索等操作。为满足CAD/CAM系统处理与管理大量数据和信息交换的需要,工程数据库管理系统是十分重要的支撑软件。

(4)网络系统软件

网络系统软件基于网络的CAD/CAM系统充分利用网络技术、数据库技术,面向产品设计和制造的整个生命周期,支持动态建模技术与产品性能设计技术,已成为目前CAD/CAM的主要使用环境之一。对于网络化的CAD/CAM系统,网络系统软件必不可少。常见的网络系统软件有Windows NT、NetWare等,网络系统软件通常包括服务器操作系统、文件服务器软件、通信软件,可完成网络文件系统管理、存储器管理、人物调度、用户通信、软硬件资源共享等工作。

1.4.2.3 应用软件

应用软件是为用户解决某类实际问题而开发的程序。它是在系统软件和支撑软件的基础上,针对特定问题研制、用高级语言编写的,供特定用户使用。应用软件常采用模块化结构,便于调试和管理,也有助于提高系统的柔性和可靠性。应用软件能充分发挥CAD/CAM系统硬件的效用,是技术开发人员的工作重点,开发应用软件应充分利用已有CAD/CAM系统支撑软件的已有功能和二次开发功能。

应用软件主要有两类:专用型应用软件和通用型应用软件。

专用型应用软件建立在系统软件、支撑软件的基础上,是为了解决某一专业或特殊领域的实际问题而专门研制的软件,通常由用户基于专业需要而自行研究开发,即通常所说的“二次开发”。常见的有专用模具设计软件,电器设计软件,机械零件设计软件,机床设计软件,以及汽车、船舶、飞机设计专用软件等,其特点是具有很强的针对性和专用性。通用型应用软件是由一些专业软件公司开发的通用商品化CAD/CAM系统,具有比较广泛的用途。该类软件一般规模较大、功能齐全,可用于多个工业领域,具有较高的知名度。

1.5 CAD/CAM系统常见的主流软件介绍

1.5.1 UG软件

UG(Unigraphics NX)是EDS公司出品的一个集CAD、CAE、CAM于一体的计算机辅助设计与制造集成软件。一方面它在产品设计及加工过程中,为用户提供数字化造型和验证手段;另一方面在虚拟产品设计和工艺设计时,为用户提供经过实践验证的解决方案。UG广泛应用于航空航天、汽车、通用机械、工业设备、医疗器械以及其他高科技领域的机械设计,也可应用于模具加工的自动化设计。

UG是三维数字化技术与产品全生命周期管理(PLM)领域软件和服务的市场领导者之一,为企业提供全面的CAD/CAM/CAE解决方案,可服务于产品开发的所有过程——设计、制造和仿真。UG的显著特点体现在其强大的工程背景上,为工程设计人员提供了功能多样的工具模块,除了具有很强的设计制造功能,还具有几何建模、装配建模、工程图、有限元分析、NC编程、加工及刀具轨迹仿真等功能;UG还具备钣金设计、电器配线、快速成型、产品数据管理和数据交换等一系列实用性很强的功能模块。

1.5.2 CATIA软件

CATIA是由法国达索公司研制开发的交互式三维CAD/CAM软件,具有很强的三维造型功能。CATIA因其功能涵盖了产品的概念设计、详细设计、三维建模、高级曲面、工程绘图、数控加工编程、动态模拟仿真、结构设计和有限元分析等模块,在航空航天、汽车、轮船、电子等设计领域享有很高的声誉。CATIA能够保证企业内部各部门之间的协同产品开发,面向产品全生命周期协同管理,为企业提供了集成式的设计流程和端对端的解决方案。

CATIA能方便地实现二维元素和三维元素之间的转换,用户通过控制模型间2D到3D的相关性,可自动地由3D数据生成图样和剖切面;具有平面和空间机构运动学方面的模拟和分析功能,方便用户对产品进行早期的运动分析和动力学模拟;具有特有的高次Bezier曲线曲面功能,次数能达到15,能满足特殊行业对曲面光滑性的苛刻要求。

1.5.3 Pro/ENGINEER软件

Pro/ENGINEER软件是美国参数技术公司(PTC)的著名产品,采用先进的基于特征的参数化设计技术,使设计工作变得十分简便和灵活。Pro/ENGINEER采用统一的数据库技术,集三维实体造型、模具设计、钣金设计、装配模拟、加工仿真、NC自动编程、有限元分析、电路布线、管路设计和产品数据管理为一体,具有较强的参数化设计、组装管理、加工过程及刀具轨迹生成等功能。其广泛应用于机械、模具、工业设计、汽车、航空航天、电子、家电等行业。

Pro/ENGINEER支持各种数据交换标准格式的转换器,同时也支持与某些著名CAD/CAM系统进行数据交换的专用转换器,具备集成化的功能。

Pro/ENGINEER提供70多个功能模块,分别支持CAD、CAE和CAM,供用户选择配置适合自己的系统。主要的CAD功能模块包括:三维造型、参数化功能定义、零件组装造型、工程图的生成输出;主要的CAE功能模块包括:实体模型的有限元网格自动生成及有限元分析;主要的CAM功能模块包括:数控自动编程及刀具路线轨迹仿真等。Pro/ENGINEER还具有模具设计、钣金设计、电缆布线等功能模块。

1.6 CAD/CAM技术的发展趋势

随着信息技术、计算机网络技术和先进制造技术的发展,企业内部、企业之间、区域之间可以实现资源共享,异地、协同、虚拟设计和制造已经成为现实,这些都不断推动着CAD/CAM技术向更高的水平发展。如今,CAD/CAM发展的主要趋势是集成化、智能化、网络化、标准化和虚拟化。

1.6.1 集成化CAD/CAM技术

集成化技术是CAD/CAM发展的一个最为显著的趋势。集成化是指将CAD、CAE、CAPP、CAM以及PPC(生产计划与控制)等各种功能不同的软件有机地结合起来,用统一的执行控制程序来组织各种信息的提取、交换、共享和处理,保证系统内部信息流的畅通,协调各个系统有效地运行。为适应现代制造技术发展的需要,制造企业致力于将CAD、CAE、CAPP、CAM和PPC等系统有机地、统一地集成在一起,消除“自动化孤岛”,从而获得最佳的经济效益。

计算机集成制造(Computer Integrated Manufacturing, CIM)是CAD/CAM集成技术发展的主要方向。CIM的终极目标是以企业为对象,借助于计算机和信息技术,使企业在经营决策、产品开发、生产准备、生产实施及销售过程各环节中,将有关人、技术、经营管理三要素及其形成的信息流、物流和价值流有机集成并优化运行,从而达到产品上市快、高质、低耗、服务好、环境清洁的目标,使企业赢得市场竞争并获得良性发展。计算机集成制造系统(CIMS)是一种基于 CIM 技术构成的计算机化、信息化、智能化、集成化的制造系统,为适应多品种、小批量的市场需求,可有效缩短生产周期,强化人、生产和经营管理的联系,压缩流动资金,提高企业的整体效益。

1.6.2 智能化 CAD/CAM 技术

设计和制造体现了人类特有的智能行为,技术人员的创造性活动对设计质量、产品创新起着决定性作用,在产品生命周期(设计、制造、销售、售后服务、报废)的各个环节应用智能技术显得尤为重要。智能 CAD/CAM 技术可以真正实现计算机设计、推理技术、神经网络技术以及模糊推理等技术的综合应用,集中表现在知识工程的引入和专家系统的发展上。专家系统具有逻辑推理和决策判断能力,在智能 CAD/CAM 技术中得到了广泛应用。

将人工智能技术、专家系统应用于 CAD/CAM 系统,就形成了智能 CAD/CAM 系统。其具有人类专家的经验和知识,具有学习、推理、联想和判断功能,并具有智能化的视觉、听觉、语言能力,可以解决一些以前必须由人类专家才能解决的问题。智能 CAD/CAM 是一个具有潜在意义的发展方向,通过更高层次的创造性思维活动,有效辅助技术人员。

在设计领域,智能化技术的应用已经取得了令人瞩目的进展。一方面,作为全新的 CAD 概念,智能 CAD(Intelligent CAD,ICAD)迅速崛起;另一方面,ICAD 系统能够捕捉设计者的设计意图,完成设计目标的规划,将设计问题自动求解,获取与应用专业设计知识,满足约束求解,实现正反向推理,使设计过程与方法更接近于人类的思维,设计的自动化程度更高。ICAD 以产品的全系统、全性能、全过程优化为目标,集建模寻优、分析、再设计为一体,能综合运用专业知识和先进的优化方法,并运用可视化等技术对寻优过程和优化结果进行分析,提供再设计建议。

在制造领域,技术人员一直致力于研究智能技术的应用,如应用智能控制对制造系统进行控制、智能机器人的研究、作业的智能调度与控制、制造质量信息的智能处理系统,智能检测与诊断系统等。这些研究已取得了许多重要的进展。智能制造系统作为制造系统新的发展方向,应用前景也非常广阔。

智能化和集成化两者之间存在着密切的联系,要实现系统集成化,智能化是不可缺少的研究方向。

1.6.3 网络化 CAD/CAM 技术

自 20 世纪 90 年代以来,计算机网络已成为计算机发展进入新时代的标志。Internet、Intranet 和 Extranet 等技术的发展为 CAD/CAM 系统开创了一个新天地,正以令人惊奇的深度和广度影响着制造业,对 CAD/CAM 技术的影响则更为巨大。引入网络技术,把 Internet 作为系统的扩展部分,是所有 CAD/CAM 系统的发展方向。

随着计算机通信、电子学、光电子、多媒体等技术的综合发展,单人、单机的设计模式已不能适应 CAD/CAM 技术的发展,网络化的 CAD/CAM 系统可以有效实现资源共享,应用并行工程并实现敏捷制造,同时利于实现企业的保密管理。基于企业内部和企业间的信息交换日益增多,在企业内部,可通过网络将 CAD、CAM 和 CAE 以及管理与决策信息系统联成一体,实现数据的交换、共享和集成,提高企业从设计到制造全过程的效率;而在各企业之间,则可形成虚拟企业,取长补短,发挥各自最大的优势,实现产品的国际化开发和生产,为企业取得更大的效益。

现代制造企业往往分散于不同的地域,产品的设计开发需要各地的技术人员密切合作,分布式设计制造模式应运而生。为应用这种模式,大型 CAD/CAM 系统提供了许多基于网络的解决方案。通过 Internet/Intranet,身处不同地理位置的技术人员可以实时观察、操作同一产品模型,进行并行设计,以加快产品的开发速度。网络化的 CAD/CAM 系统可以有效支持团队协同设计及并行设计,已成为目前 CAD/CAM 系统重点研究与开发的方向。

1.6.4　标准化 CAD/CAM 技术

随着 CAD/CAM 技术研究的深入,针对行业特点,国际上一些知名企业开发了具有代表性的 CAD/CAM 系统,有的擅长曲面设计,有的擅长工程分析,有的则主要解决 NC 加工问题。要充分利用这些系统,取长补短,实现企业间的信息交换,就涉及 CAD/CAM 系统间数据的相互交换,需要有一种数据交换的标准。而 CAD/CAM 软件通常集成在异构的工作平台上,依靠标准化技术才能解决 CAD/CAM 系统异构跨平台的环境问题,使不同的应用软件可以直接分享和交换数据。目前,CAD 支撑软件已经逐步实现了 ISO 标准和工业标准,面向专业应用的标准零部件库、标准化设计方法、数字化设计制造的资源数据库等已成为 CAD/CAM 系统的重要支撑环境。

在各国制定的众多标准中,影响最大的是美国制定的初始图形交换规范 IGES(Initial Graphics Exchange Specification),其已经成为不同系统之间通用的 ANSI 信息交换标准。几乎所有国际知名的 CAD/CAM 系统都支持 IGES 接口,多个 CAD/CAM 系统并存的制造企业可以通过 IGES 中性数据格式进行数据交换,但是,IGES 只支持产品的几何信息,未覆盖产品从设计到制造的全部信息,如材料、制造公差、表面粗糙度要求和生产管理信息等,限制了其在制造业中的应用。

国际标准化组织制定了产品数据表达和交换国际标准——产品模型数据交换标准(STEP,Standard for the Exchange of Product Model Data),它可提供四个层次的产品数据共享实现方法:ASCII 码中性文件、访问内存数据结构、共享数据、共享知识库。STEP 标准可从基础上保证 CAD/CAM 系统中数据的一致性和完整性,减少重复信息的输入量。STEP 标准的应用显著降低了产品生命周期内的信息交换成本,提高了产品研发效率,其已成为制造业进行国际合作、参与国际竞争的重要基础标准和保持企业竞争力的重要工具。

1.6.5　虚拟化 CAD/CAM 技术

随着计算机性能的快速提高,在计算机上进行虚拟现实研究和应用已经成为可能。虚拟现实(Virtual Reality,VR)技术能营造一个逼真的虚拟现实环境,需要建立大量的三维模型,并实现不同视点观察,进行具有沉浸感的可视化模拟。基于虚拟现实技术支持身临其境的真实感和超越现实的虚拟性,能够建立个人沉浸其中、具有交互作用的多维信息系统,促进了虚拟现实技术在 CAD/CAM 系统中的应用与发展。虚拟设计、虚拟制造、虚拟企业在 CAD/CAM 平台上有广泛的应用前景,涉及 CAD/CAM 的各个学科,能满足敏捷制造企业、动态联盟企业建模的需要,其实用性已显示出来,技术潜力巨大,应用前景广阔。

目前,VR 技术所需的软硬件相当昂贵,开发的难度和复杂性较大,VR 技术与 CAD/CAM 技术的集成还有待于进一步研究和完善。随着科技的发展,虚拟设计在产品的概念设计、装配设计和人机工程学等方面必将发挥越来越重要的作用。

1.7 习题

1. 简述 CAD/CAM 的基本内容。
2. 简述 CAD/CAM 的产生、发展历程及各阶段特点。
3. 简述 CAD/CAM 系统的基本功能。
4. 简述 CAD/CAM 硬件系统的组成。
5. 简述 CAD/CAM 软件系统的组成。
6. CAD/CAM 支撑软件主要有哪几类?
7. 常用的主流 CAD/CAM 商用软件有哪些?
8. 简述 Pro/ENGINEER 软件的主要特点。
9. 集成化 CAD/CAM 技术的主要内容是什么?
10. 智能化 CAD/CAM 技术有哪些应用方向?
11. 在分布式制造模式中,CAD/CAM 技术的作用是什么?
12. 通过市场调研,分析目前企业应用 CAD/CAM 技术的状况。
13. 通过查阅、整理最新资料,分析总结 CAD/CAM 技术的最新发展趋势。

第 2 章　产品数字化造型技术

2.1　几何模型的信息组成

几何模型描述的是产品的几何特征，包含物体的形状和属性等信息。几何模型是对原物体的确切的数学描述或是对原物体某种状态的真实模拟，可为各种不同的后续应用提供信息。例如，由模型产生有限元网格，由模型编制数控加工代码，由模型进行装配、干涉检查等。一个完整的几何模型包含两个信息要素：几何信息和拓扑信息。

2.1.1　几何信息

几何信息是指形体在欧氏空间中的形状、位置和大小，具有几何意义，包括点、线、面、体信息，这些信息可以用几何分量表示。例如，三维空间中的点、直线和平面可分别表示为 $M(x,y,z)$ 、$(x-x_0)/A=(y-y_0)/B=(z-z_0)/C$ 和 $Ax+By+Cz+D=0$。对于复杂曲面，可采用 B 样条曲面、Bezier 曲面和 NURBS 曲面等表示。

但是，仅用几何信息表示形体并不充分，会出现形体的不确定性，为了保证形体描述的完整性和严密性，必须同时给出形体的几何信息和拓扑信息。

2.1.2　拓扑信息

拓扑信息是表达形体各基本几何要素（点、边、面）之间的连接关系、邻近关系及边界关系的信息。比如，形体的某条边是由哪些顶点构成的，某个面是由哪些边构成的，等等。几何信息相同而拓扑信息不同，最终构造的几何形状可能完全不同。以立方体为例，它的顶点、边和面的拓扑关系共有 9 种：顶点相邻性、顶点-边相邻性、顶点-面相邻性、边-顶点包含性、边相邻性、边-面相邻性、面-顶点包含性、面-边包含性、面相邻性，如图 2-1 所示。这 9 种关系并不是独立的，可由一种关系导出其他几种关系。在表达形体时，可根据具体条件选择不同的拓扑描述方法。

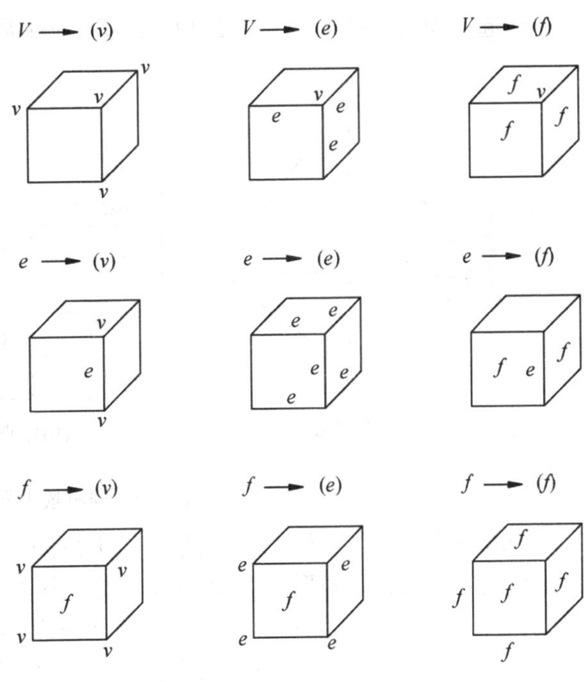

图 2-1　立方体元素间的拓扑关系

2.2　几何造型方法

几何造型也称几何建模。它是通过计算机表示、控制、分析和输出几何实体的一种技术。产品的设计与制造涉及产品几何形状的描述、结构分析、工艺设计、加工仿真等方面的技术，其中几何形状的定义与描述是其他部分的基础，为结构分析、工艺设计及加工提供基本数据，所以几何造型技术是 CAD/CAE/CAM 系统的关键技术，几何造型的功能也决定了 CAD/CAE/CAM 系统的水平。几何建模主要是处理零件的几何信息、拓扑信息和特征信息。几何信息是指物体在欧氏空间中的形状、位置和大小；拓扑信息则是指实体各基本要素（包括点、边、面）的数目及其相互间的连接关系、邻近关系及边界关系。特征信息包括实体的精度信息、材料信息等与加工有关的信息。根据对几何信息、拓扑信息和特征信息处理方法的不同，几何造型的方法可分为：线框建模、表面建模、实体建模等。

2.2.1　线框建模

用点、直线和曲线描述产品轮廓的方法就是线框建模。很多二维 CAD 软件都是基于这种几何方法建模。这种建模用线段、圆、弧和一些简单的曲线来描述对象。线框模型的数据结构是表结构，它在计算机内部以点表和边表来表达与存储顶点和棱线的信息。每个线框模型的数据结构中包含两个表：一张是顶点表，描述每个顶点的编号和坐标；另一张是棱线表，记录每一棱线起点和终点的编号。图 2-2 所示为四面体及其数据结构表。

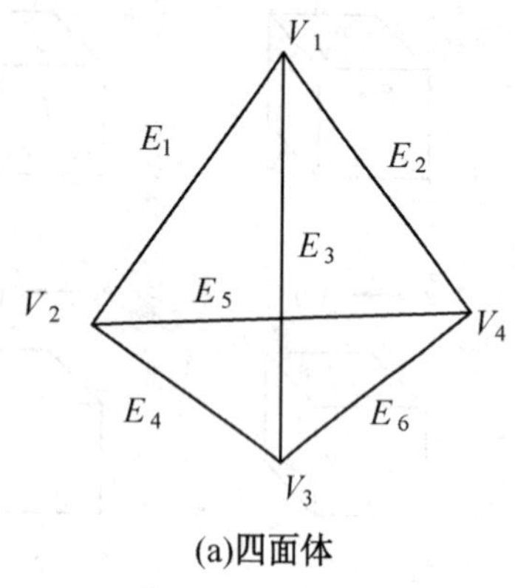

(a)四面体

顶点号	坐标值
V_1	$(x_1,\ y_1,\ z_1)$
V_2	$(x_2,\ y_2,\ z_2)$
V_3	$(x_3,\ y_3,\ z_3)$
V_4	$(x_4,\ y_4,\ z_4)$

(b)顶点表

棱线号	顶点号
E_1	V_1、V_2
E_2	V_1、V_4
E_3	V_1、V_3
E_4	V_2、V_3
E_5	V_2、V_4
E_6	V_3、V_4

(c)棱线表

图 2-2　线框模型及数据结构

线框模型所需信息最少，数据结构简单，所占内存很少，计算机处理简单、迅速。但线框模型用棱线等表示物体的形状，只包含了三维立体的一部分形状信息，而如一个面由哪几条棱线组成、立体内部与外部如何区分等，用线框模型则无法表示。因此，线框模型可以表示机械零件的各种投影图，但存在以下局限性：(1)信息不完整，存在二义性，如在立方体上存在孔，孔是盲孔还是通孔含义不清楚，如图 2-3(a)所示；(2)线框模型不能进行物体几何特性(体积、面积、重量、惯性矩等)计算，也不能解决两个平面的交线，消除隐藏线、隐藏面等问题，如图 2-3(b)所示。

2.2.2　表面建模

表面建模是通过对物体表面进行描述的建模方法，又称曲面建模。建模时，先将复杂的外表面分解成若干个组成面，这些组成面可以使用离散数据构成一个个基本的曲面元素，然后通

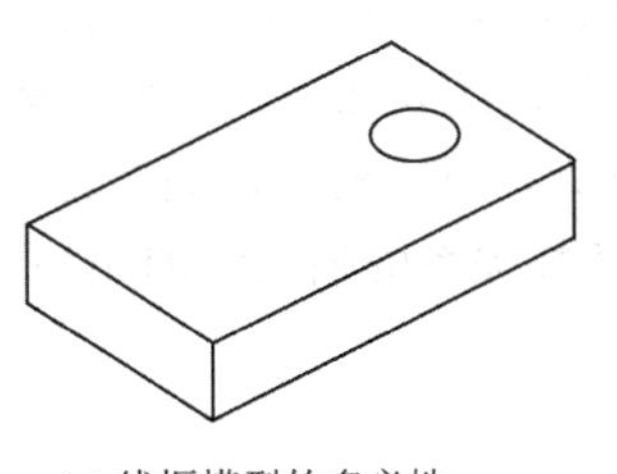

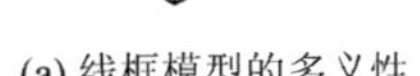

(a) 线框模型的多义性

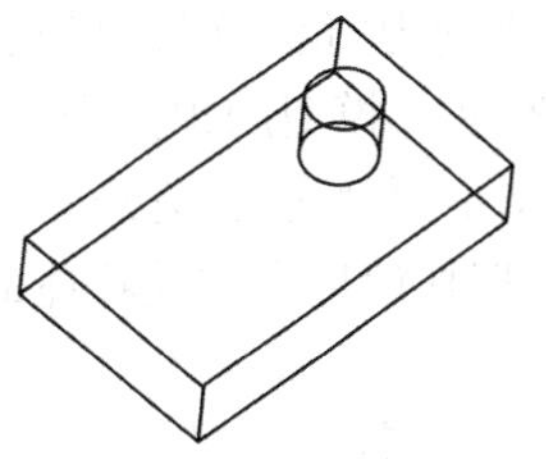

(b) 线框模型无法消隐

图 2-3　线框模型的缺点

过这些元素的拼接,就构成了所要的曲面。表面模型与线框模型相比,除了顶点表和棱线表外,还提供了面表,面表记录了边、面间的拓扑关系,但仍旧缺乏面、体间的拓扑关系,无法区别面的哪一侧在体内,哪一侧在体外,依然不是实体模型。图 2-4 所示为四面体及其面表。

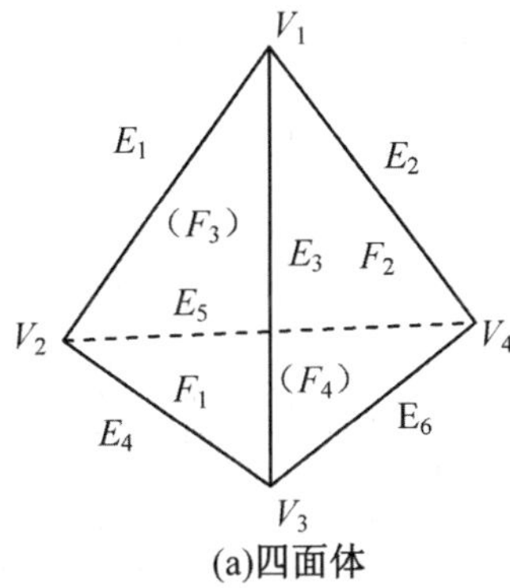

(a)四面体

表面号	组成棱线
F_1	E_1、E_4、E_3
F_2	E_2、E_3、E_6
F_3	E_1、E_2、E_5
F_4	E_4、E_6、E_5

(b)面表

图 2-4　表面模型及数据结构

表面模型能够比较完整地定义三维立体的表面,所描述的零件范围广,对于一些复杂自由曲面,如飞机机翼、汽车车身、螺旋桨等难于用简单的数学模型表达的物体,均可以应用表面模型。另外,表面模型可以为 CAD/CAM 中的其他应用提供数据,例如有限元分析中的网格划分就可以直接利用表面模型。

表面模型也有其局限性,由于所描述的仅是实体的外表面,并没切开物体而展示其内部结构,无法表示零件的立体属性。因此,很难确定一个表面模型生成的三维物体是一个实心的物体,还是一个具有一定壁厚的壳,这种不确定性同样会给物体的质量特性分析带来问题。

2.2.3　实体建模

表面建模无法确定面的哪一侧存在实体,哪一侧没有实体。因此在 20 世纪 80 年代初期,逐渐发展完善了实体建模技术。实体建模要解决的根本问题是标识出一个面的哪一侧是实体,哪一侧为空。为了确定表面的哪一侧存在实体,实体建模采用面的法向矢量进行约定,即面的法向矢量指向物体之外,法向矢量的反方向为实体,对构成物体的每个表面进行这样的判断,最终即可标识出各表面包围的实体。为了使计算机能够识别表面的矢量方向,将组成表面的封闭边线定义为有向边,每条边的方向由顶点编号的大小确定,即由编号小的顶点(边的起点)指向编号大的顶点(边的终点)为正,利用几何拓扑关系中棱边与面的相邻关系,确定边的左表面和右表面,这样可得到实体的棱线表。表面的外法线方向是已知的,根据表面的外法线方向用右手法则判定构成该表面边的“正负”,若定义的边的方向符合右手法则,则这条边对于该面为“正”,否则为“负”,以此得到实体的面表。图 2-5 所示为四面体及其棱线表、面表。与表面模型相比,实体模型的顶点坐标不变,但棱线表和面表必须严格标明边的方向及其与相邻面的关系;就基本原理而言,它还是采用类似表面建模那样通过记录构成物体的点、线、面、体的几何信息和拓扑信息来描述物体的,但拓扑关系的描述更加完整。

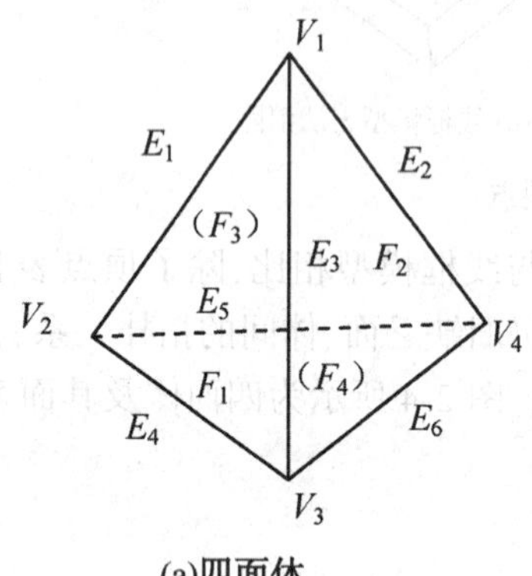

(a)四面体

表面号	组成棱线
F_1	E_1、$-E_3$、E_4
F_2	$-E_2$、E_3、E_6
F_3	$-E_1$、E_2、$-E_5$
F_4	$-E_4$、E_6、$-E_5$

(b)面表

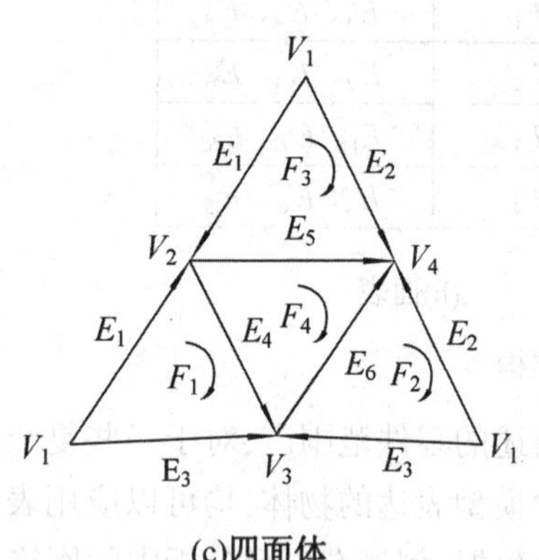

(c)四面体

棱线号	顶点号	右面号	左面号	属性(线型、颜色)
E_1	V_1、V_2	F_1	F_3	/ /
E_2	V_1、V_4	F_3	F_2	/ /
E_3	V_1、V_3	F_2	F_1	/ /
E_4	V_2、V_3	F_1	F_4	/ /
E_5	V_2、V_4	F_2	F_4	/ /
E_6	V_3、V_4	F_2	F_4	/ /

(d)面表

图 2-5　实体模型及数据结构

实体建模把三维物体的几何和拓扑信息较完整地存入到计算机中,无二义性,能生成真实感很强的图形,并能自动进行干涉检查及物理特性的计算等,还可从中提取、分析计算信息,实现零件的体积和质量计算、有限元分析、数控编程等,因此是目前应用最多的一种建模技术。

2.3　三维几何实体建模的表示方法

按照立体生成的方法不同,实体建模方法可分为体素法、布尔运算和实体扫描法等几种。三维实体建模的计算机内部表达方式有:边界表示法(B-REP)、实体结构几何法(CSG)、混合建模法、空间单元表示法和扫描表示法。

2.3.1　边界表示法(B-REP)

边界表示法(B-REP)是以物体边界为基础,定义和描述几何形体的方法。这种方法能给出物体完整、显式的边界描述。其基本思想是:每个物体都是由有限个面构成,每个面通过边、边通过点、点通过三个坐标来定义。用边界法描述实体,实体须满足这样一个条件:封闭、有向、不自交、有限和相连接,并能区分实体边界内、边界外和边界上的点。

根据边界表示原理,图 2-6 所示实体可用一系列点和边有序地将其边界划分成许多单元面。该实体可分成 10 个单元面,各单元面由有向、有序的边组成,每条边由两个点定义。圆孔面分割为前后两个圆柱面。每个柱面由有向、有序的直线和圆弧构成,而圆弧则用由三个点定义圆的方法描述。

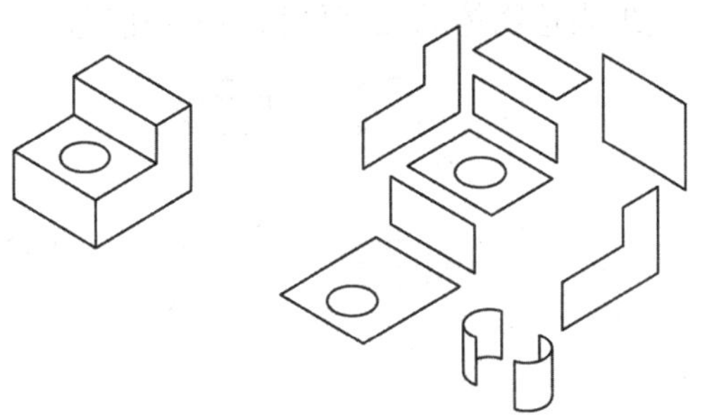

图 2-6　边界法表示实体

由于 B-REP 法仅考虑对象的边界,因此它不能反映物体的构造过程和特点,也不能记录物体的组成元素的原始特征。B-REP 法的数据结构是网状结构。

2.3.2　实体结构几何法(CSG)

任何复杂的物体都可由简单的形体构成。实体结构几何法(Construction Solid Geometry,简称 CSG)的基本思想是通过一些简单实体(如长方体、圆柱体、球体、锥体等),经布尔运算生成复杂的三维形体。

采用 CSG 法构成三维形体的过程,可采用一棵二叉树来描述,其中 CSG 的叶结点为基本体素(简单实体),中间结点为集合运算符号或经集合运算生成的中间形体,树根为生成的最终形体。因此,CSG 树完整地记录了一个形体的生成过程,造型简单,可用于确定物体的质量、惯性矩、密度等要素。但是它不能查询到形体较低层次的信息,因此不能向线框模型转化,也不能用来直接显示工程图。

CSG 法构成的三维形体具有唯一性和明确性,但一个几何体的 CSG 表示和描述方式却不是唯一的,即可以用几种不同的 CSG 树表示,如图 2-7 所示。

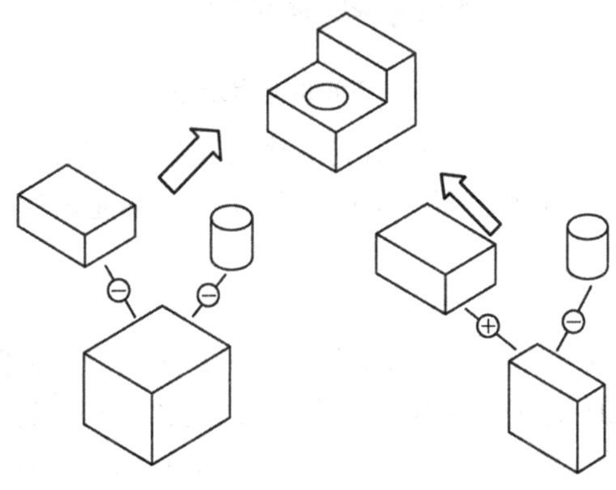

图 2-7　实体结构几何法

2.3.3 混合建模法

采用两种以上的建模方法来描述一个三维形体的建模称为混合建模(Hybrid Modeling)。实体建模的CAD/CAM系统,通常采用CSG和B-REP描述相结合的混合建模方法。在原CSG结构树的非终端节点上扩充一级边界数据结构,以达到实现快速图形显示的目的,如图2-8所示。混合建模可以理解为在CSG模式基础上的扩展,其中起主导作用的是CSG结构,再结合B-REP模式的优点,可以完整地表达物体的几何信息和拓扑信息。

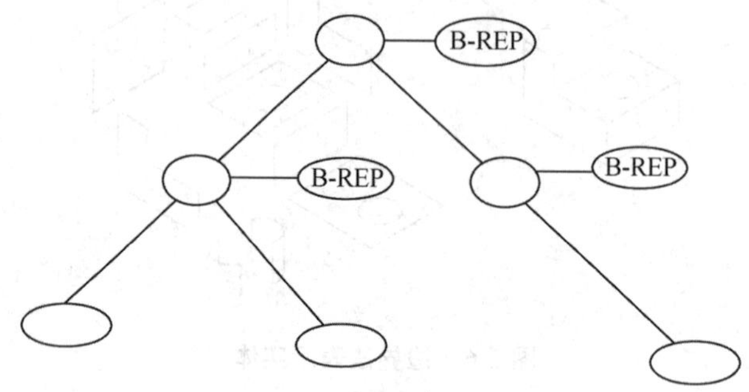

图2-8 混合模型的数据结构

2.3.4 空间单元表示法

空间单元表示法也称分割法,其基本思想是通过一系列空间单元构成的图形来表示物体。这些单元是具有一定大小的平面或立方体,在计算机内部主要通过定义各单元的位置是否被实体占有来表达物体。图2-9所示为圆环的空间单元表示法。空间单元表示法要求有大量的存储空间,同时它的算法比较简单,可作为物理特性计算和有限元网格划分的基础。

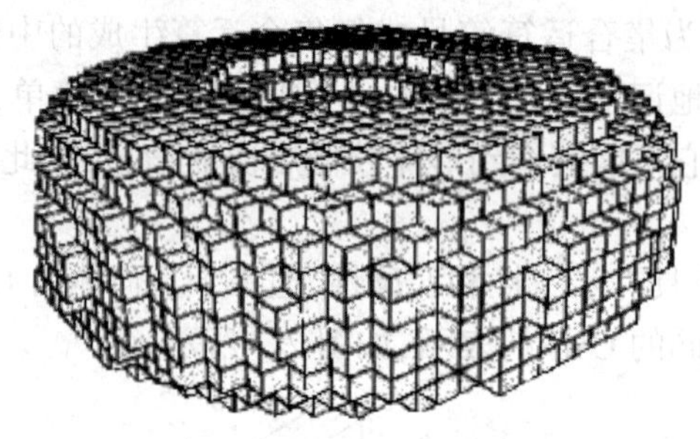

图2-9 空间单元表示法

空间单元表示法的最大优点是便于做出局部修改及进行几何运算,用来描述比较复杂,尤其是内部有孔或具有凸凹等不规则表面的实体。其缺点是不能表达一个物体各部分之间的关系,也没有关于点、线、面的概念。

2.3.5 扫描表示法

扫描表示法是实体造型系统中生成实体的最基本方法,其原理是:用曲线、曲面或形体沿某一指定路径运动后生成2D或3D的实体。使用该方法需要具备两个要素:首先,要给出一个形体(基体),基体可为曲线、曲面或实体;其次,要给出基体的运动轨迹,该轨迹是可以用解析式来定义的路径。在三维形体的表示中,应用最多的是平移扫描体和旋转扫描体,如图2-10所示。

平移扫描法的特点是扫描得到的物体都有相同的截面;简单旋转扫描法的特点是得到的

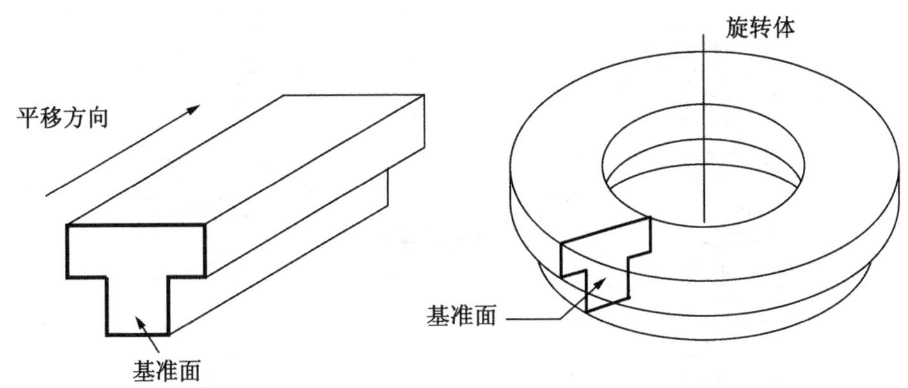

图 2-10　平移扫描体和旋转扫描体

物体都是轴对称物体。

如果在扫描过程中允许物体的截面随扫描过程变化,就可以得到不等截面的平移扫描体和非轴对称的旋转扫描体,这种方法统称为广义扫描法。

2.4　机械零件的特征建模

2.4.1　特征建模的定义

特征建模技术被誉为 CAD/CAM 发展的新里程碑,它的出现和发展为解决 CAD/CAPP/CAM 集成提供了理论基础和方法。特征是一种综合概念,作为“产品开发过程中各种信息的载体”,除了包含零件的几何拓扑信息外,还包含了设计制造等过程所需要的一些非几何信息,如材料信息、尺寸和形状公差信息、热处理及表面粗糙度信息和刀具信息等。因此,特征包含丰富的工程语义,它是在更高层次上对几何形体上的凹腔、孔、槽等的集成描述。例如,物体的被加工孔是圆柱面,而凸台也是圆柱面,对于同一种几何体素,其加工方法却完全不同,因此不再简单地将“孔”表示为“圆柱体”,而是用若干属性来描述,以说明形成特征的制造工序类别及特征的形状、长、宽、直径等,满足生产加工的要求。

从不同的应用角度研究特征,必然引起特征定义的不统一。根据产品生产过程阶段不同,可将特征区分为:设计特征、制造特征、检验特征、装配特征等。根据描述信息内容不同,可将特征区分为:形状特征、精度特征、材料特征、技术特征等。为了能对特征在整个产品开发过程中进行系统化描述,提出了广义特征的概念。广义特征是产品生命周期内各种特征信息的集合,它包含名义形状、公差、表面处理以及其他制造信息的建模方法等。特征建模建立在实体建模的基础上,加入了包含实体的精度信息、材料信息、技术要求和其他有关信息,另外还包含一些动态信息,如零件加工过程中工序图的生成、工序尺寸的确定等信息,以完整地表达实体信息,如图 2-11 所示。

2.4.2　形状特征的分类

形状特征是描述产品或零件的最基本特征,因此目前特征的分类多以形状特征为主进行研究。形状特征的分类与特征的分类一样,不仅取决于产品类型(铸、锻、焊或钣金等),而且取决于设计者的思想和工程应用(设计、分析、工艺、制造和装配等)。

形状特征按照其在设计过程中的作用分为基准特征、主特征、辅助特征等。进行特征分

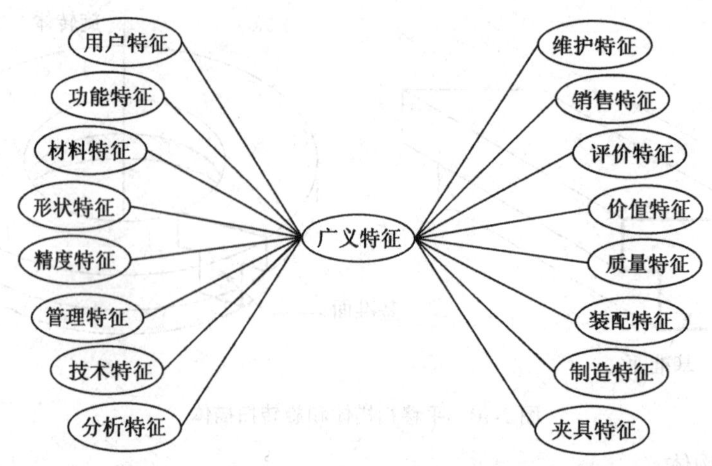

图 2-11　广义特征定义

类，首先要考虑基准特征，依据基准特征，再分别建立零件的主、辅特征以及内、外特征。图 2-12 为特征空间中盘体类形状特征分类。

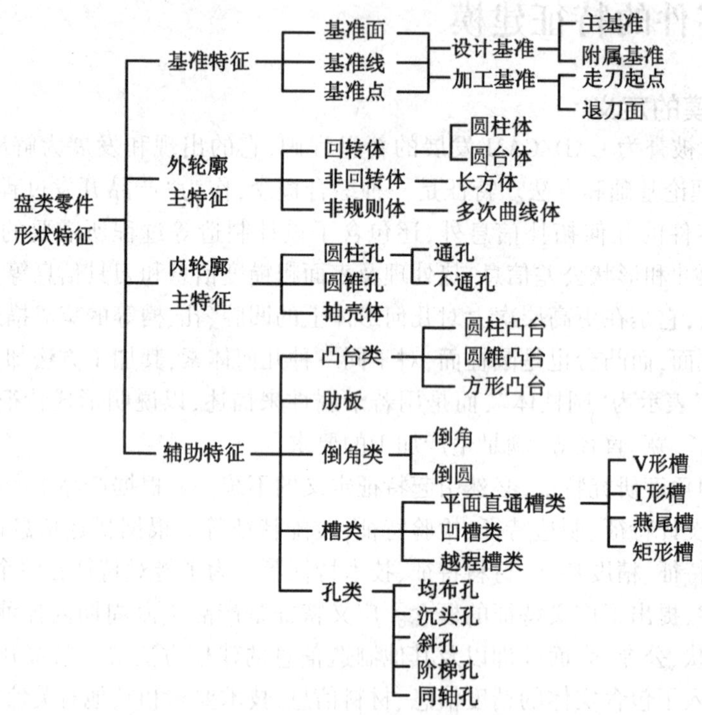

图 2-12　特征空间中盘体类形状特征分类

2.5　参数化设计

用 CAD 方法开发产品时，零件设计模型的建立速度是决定整个产品开发效率的关键。产品开发初期，零件形状和尺寸有一定模糊性，要在装配验证、性能分析和数控编程之后才能确定。这就希望零件模型具有易于修改的柔性。参数化设计方法就是将模型中的定量信息变量化,使之成为任意调整的参数。对变量化参数赋予不同数值,就可得到不同大小和形状的零件模型。

参数化设计的核心内容是参数设计。所谓参数设计是指用一组参数来定义几何图形的尺寸数值,并构造尺寸关系,然后提供给设计师进行几何造型使用的一种方法。参数与设计对象的控制尺寸有一种对应关系,设计结果的修改靠尺寸驱动来完成。这种方法常用来设计一些产品的系列化标准件。参数化设计的主要技术特点有:

①约束——指用一些法则或限制条件来规定构成物体的各元素之间的关系。一般可将约束分为尺寸约束和几何拓扑约束。尺寸约束一般指对大小、角度、直(半)径、坐标位置等可测量的数值量进行限制。几何拓扑约束指对平行、垂直、共线、相切等非数据几何关系的限制。

②尺寸驱动——指在约束的条件下修改某一尺寸参数时,系统自动检索出该尺寸参数对应的数据结构,并找出相应的方程组计算出参数,最终驱动几何图形形状的改变。这种方式特别适应于工程设计人员的思维和工作方式。

③数据相关——指对尺寸参数的修改将导致其他相关模块中的相关尺寸得以全盘更新。其优点在于用尺寸的形式控制了几何形状。它彻底克服了自由建模的无约束状态。

④基于特征的设计——指将某些具有代表性的平面几何形状定义为特征,并将其尺寸定为可调参数,用来形成实体,并以此为基础进行复杂的几何形体构造。

⑤包容性——指参数设计要适用于 2D 和 3D 几何造型的需要。

参数化设计的主要思想是用几何约束、数学方程来说明产品模型的形状特征,从而设计出一批在形状或功能上具有相似性的方案。参数化设计的关键是几何约束关系的提取、表达、求解及参数化模型的构造。

2.6　基于 Pro/ENGINEER 的参数化三维造型技术

2.6.1　Pro/ENGINEER Wildfire 软件介绍

Pro/ENGINEER Wildfire 是美国 PTC(Parametric Technology Corp)公司开发的计算机辅助设计与制造软件。由于该软件具有强大的功能,它很快被广大用户所接受,目前已经成为应用最广泛的 CAD/CAE/CAM 软件之一。

Pro/ENGINEER Wildfire 软件的功能非常强大,可以完成从产品设计到制造的全过程,为工业产品设计提供了完整的解决方案。其主要包括三维实体建模、装配模拟、加工仿真、NC 自动编程、有限元分析等常用功能模块,还包括模具设计、钣金设计、电路布线、装配管路设计等专用模块。

同时 Pro/ENGINEER Wildfire 也是最先进的 CAD/CAE/CAM 软件的代表。由它所提出的基于特征、全参数化、全相关、单一数据库及数据再利用等概念改变了传统的 MDA(机械设计自动化,Mechanical Design Automation)观念。利用此概念开发的 Pro/ENGINEER Wildfire 软件能够实现并行工程,让多个用户同时进行同一产品的设计、制造。这大大缩短了产品开发的过程,降低了产品设计、生产,产品测试等环节的生产成本。

Pro/ENGINEER Wildfire 软件的主要技术特点如下:

2.6.1.1　基于特征的参数化造型

将一些具有代表性的几何形体定义为特征,并将其所有尺寸作为可变参数,例如倒圆角特征、倒直角特征等,并以此为基础进行更为复杂的几何形体构造。产品的生成过程其实就是多个特征的叠加过程。

2.6.1.2　全相关特性

Pro/ENGINEER Wildfire 软件的所有模块都是全相关的,使用同一个数据库。因此在产品开发过程中任何一个模块进行的修改,都会扩展到整个设计过程,系统自动更新所有的相关文档,这大大缩短了修改的时间。

2.6.1.3　全尺寸约束

将特征的形状与尺寸结合起来,通过尺寸约束实现对几何形状的控制。造型必须以完整的尺寸参数为出发点,不能漏标尺寸(欠约束),也不能多标尺寸(过约束)。

2.6.1.4　尺寸驱动设计修改

通过修改尺寸参数可以很容易地进行多次设计迭代,实现产品开发。

2.6.2　Pro/ENGINEER 工作界面及模型树

Pro/ENGINEER 的界面如图 2-13 所示,主要由窗口上方的标题栏、菜单栏、工具栏,窗口左侧的导航选项卡,窗口右侧的特征按钮,窗口底部的操控栏、上滑面板、命令解释行、信息提示行、选择过滤器组成。

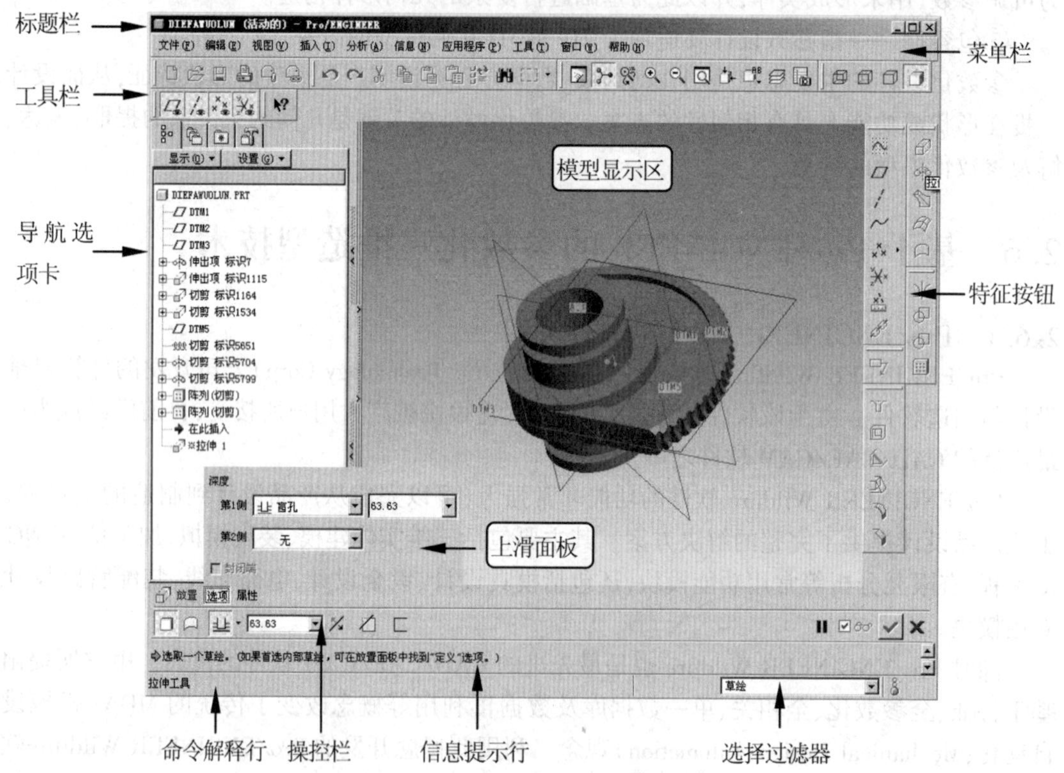

图 2-13　Pro/ENGINEER 工作界面

单击导航选项卡的“模型树”按钮,显示零件的模型树内容。模型树是记录创建当前零件的所有特征及零件的列表,以树的结构形式显示零件的层级关系。模型树中存在两种基本关系:相邻关系和父子关系。相邻关系表示两个特征是并列的,它们依附于共同的父特征。父子关系是指两个特征存在依附关系,一个特征依附在另一个特征上,被依附的特征称为父特征,修改父特征会对子特征产生影响。

在模型树中用户可以对特征进行如下管理:

(1)特征重定义。通过特征重定义可以重新定义特征的属性、特征的草绘平面和草绘截面形状等。

(2)特征删除。删除选择的特征,同时该特征的子特征也会被删除。

(3)特征排序。实体创建后,可以根据需要改变特征的生成顺序,即对特征进行排序。需要注意的是,子特征不能移动到父特征之前。

(4)特征隐含和隐藏。当创建的实体结构比较复杂或特征数目很多时,为了简化零件模型显示和加快系统运行速度,可将一些与当前工作无关的特征进行隐含或隐藏。

模型树是现代基于特征的CAD/CAM造型系统中一个非常有用的工具,模型树窗口可以清晰地显示零件的特征构成及特征之间的关系,便于设计者对特征进行管理和操作。

2.6.3　零件设计实例

下面几节将介绍如何使用Pro/ENGINEER进行绘制草图、建立零件、创建装配体等基本设计。

本节首先介绍如何利用绘制草图、标注尺寸、建立拉伸的凸台和切除等特征,建立图2-14所示的"支架"零件。

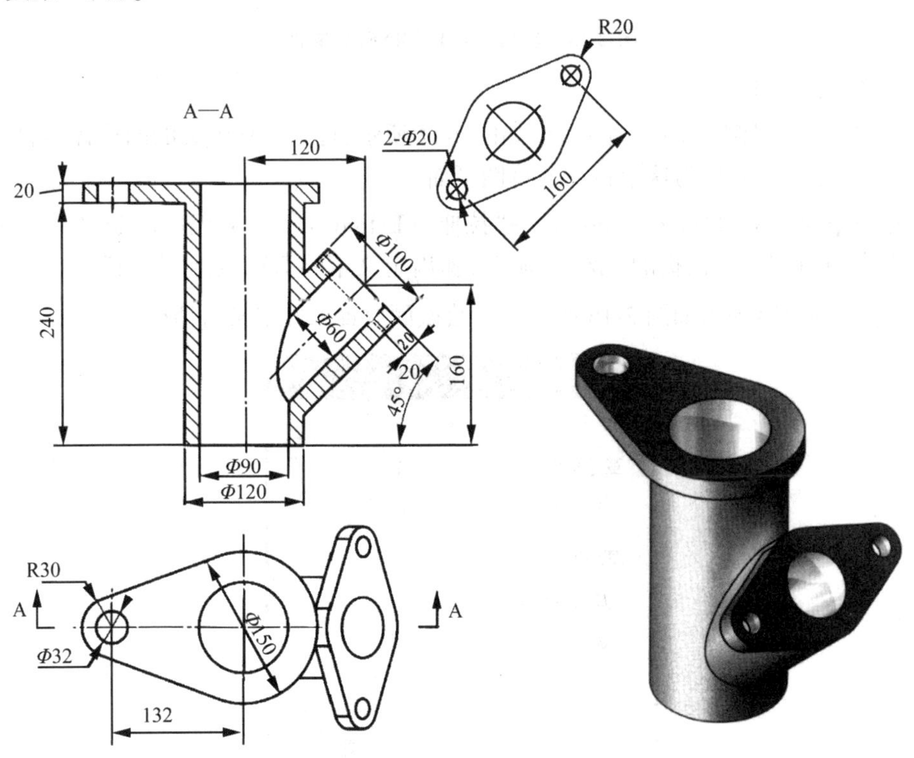

图2-14　"支架"零件

2.6.3.1　建立新文件

建立新文件的操作方法如下:

(1)单击新建文件图标"□"按钮,或执行下拉菜单"文件"(File)→"新建"(New),或使用快捷键"Ctrl+N",弹出新建对话框,如图 2-15 所示。

(2)在对话框中选择"◉ □ 零件"按钮。

(3)在"名称"(Name)文本输入框中输入草图名,如 body。

(4)单击"确定"按钮,即可进入创建零件界面。

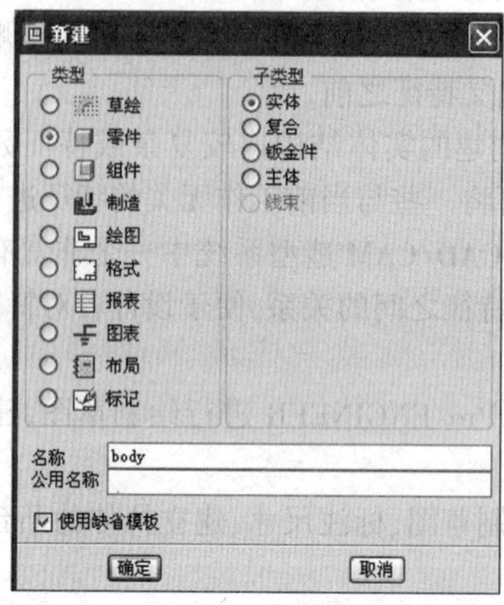

图 2-15 新建 Pro/ENGINEER 文件

2.6.3.2 建立拉伸特征

需要建立"body"零件的第一个特征,如图 2-14 所示,首先建立中央的圆柱体,可以使用拉伸特征完成。选择 TOP 作为这个特征的草图平面。

(1)选择下拉菜单的"插入"(Insert)→"拉伸"(Extrude)命令或单击工具栏"□"按钮。

(2)单击"拉伸"创建面板的"放置"命令,弹出定义草绘截面的上滑面板,单击上滑面板中的"定义..."按钮,弹出如图 2-16 所示的草绘截面放置属性定义对话框。

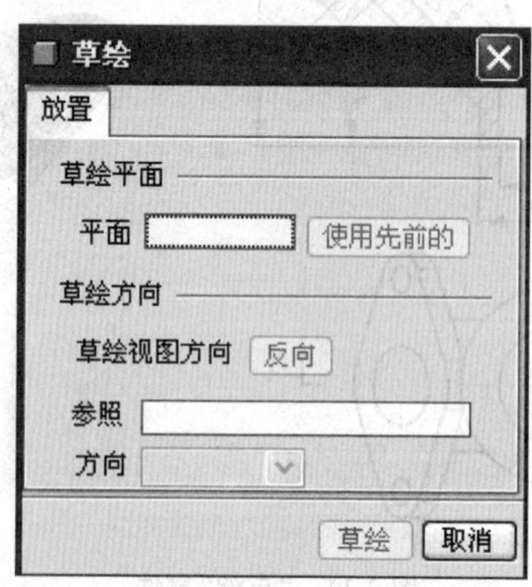

图 2-16 草绘截面放置属性定义对话框

①选择草绘平面

在绘制草绘截面时,必须首先选择屏幕图形区中的一个基准面作为草绘平面。操作的方法是，将鼠标靠近屏幕图形区中的一个基准面的边线或基准面的提示字符，这时该基准面的边线将出现蓝色加亮的边线而且字符也成蓝色，单击鼠标的左键，该基准面就被定义为草绘平面，这时对话框中的草绘平面(Sketch Plane)区域中的平面(Plane)后面的文本框中出现被单击的基准面的名称。本例中选择 TOP 作为草绘平面。

②设置草绘平面查看的方向

选择草绘平面后，屏幕图形区中的被选择的草绘平面的边线旁边会出现一个黄色箭头，箭头的方向表示当前查看草绘平面的方向。如果要改变箭头的方向，可以单击对话框中查看草绘视图方向(Sketch View Direction)后面的“反向”按钮。

③设置草绘平面放置的方位

指定草绘平面查看的方向后，还必须为草绘平面指定一个与之相垂直的平面作为参照以及参照平面相对草绘平面的位置关系。

单击草绘截面放置属性定义对话框中参照(Reference)后面的文本框，再单击屏幕图形区中与草绘平面相垂直的任意基准面，即可将此基准面指定为参考平面。

单击草绘截面放置属性定义对话框中方向(Orientation)后面的“ ”按钮，系统会弹出可放置的位置列表，从中选择所需的方位即可。

完成以上的操作后，单击此对话框中的“草绘”按钮，系统进入截面的草绘环境。

④绘制截面图形

在草图绘制状态下，可以使用多种绘图工具绘制几何图形，如直线、圆、矩形等。在草图绘制工具栏上单击按钮，然后移动光标到坐标系原点，单击鼠标，绘制一个圆。由于 Pro/ENGINEER 是尺寸驱动的设计软件，因此，不需要按照精确尺寸来绘制草图，草图的实际尺寸由后面步骤中标注尺寸确定。标注尺寸的方法非常简单，首先单击工具栏上图标按钮“ ”，然后选取要标注尺寸的线段，单击鼠标左键，最后选择尺寸文本放置的位置，单击鼠标中键，出现如图 2-17 所示的尺寸标注。如需要修改尺寸值，将鼠标移至要修改的尺寸文本上，双击鼠标左键，这时出现如图 2-18 中的文本修止框，在文本修止框中直接输入新的尺寸值，按回车键完成修改。尺寸修改后由原来的灰色变为黑色。绘制后单击特征按钮“ ”，结束草绘。

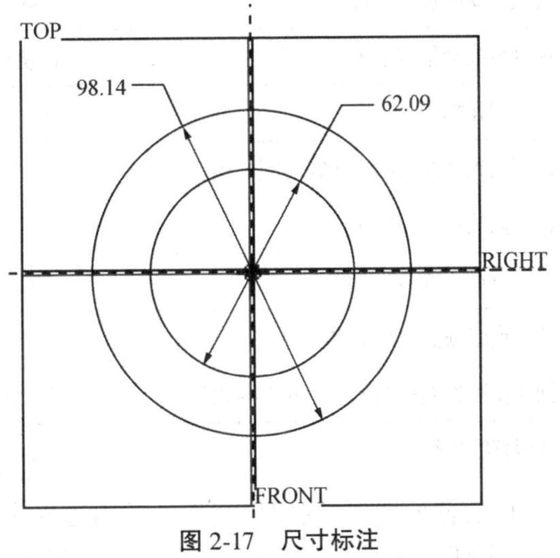

图 2-17　尺寸标注

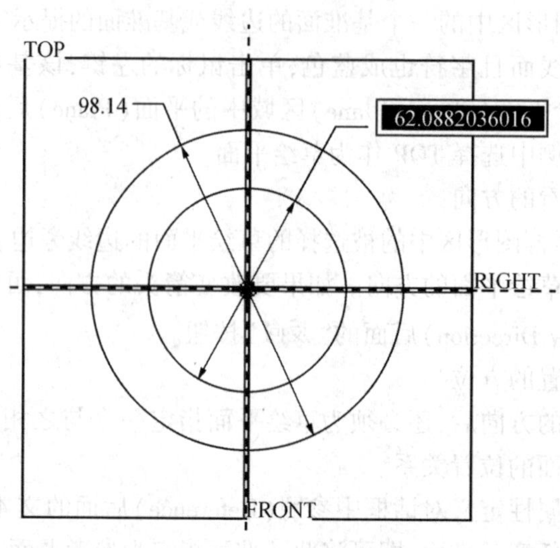

图 2-18　修改尺寸

⑤确定拉伸长度

建立拉伸特征时,可选取深度类型并输入深度值。给定拉伸长度 240,并按回车键,单击操控栏中的“✔”按钮完成第一次拉伸特征。

2.6.3.3　草图绘制中的边线引用和几何约束

除了可以使用多种绘图工具绘制几何图形,如直线、圆、矩形等,也可以使用现有模型的边线转换为草图元素,或利用模型的边线等距生成草图元素。草绘工具栏中“通过边创建图元”的按钮为“□”。此外,如果草图复杂,可以加入几何关系进行约束,“施加草绘约束器”的按钮为“ ”。表 2-1 所示为 Pro/ENGINEER 提供的约束种类。

表 2-1　约束的种类

约束按钮	约束实现的功能	约束显示符号
↕	使直线或两顶点竖直	H 或 ¦
↔	使直线或两顶点水平	V 或 - -
⊥	使两图元垂直	⊥
	使两图元（圆与圆、直线与圆）相切	T
	把一点放在线的中间	M
	使两点重合或两线共线	○或
→¦←	使两点或顶点对称于中心线	→　←
=	创建相等长度、相等半径或相等曲率	等长 $L1$、$L2$，等半径 $R1$、$R2$
//	使两直线平行	$//_1$

图 2-19 为“body”上部位的截面图形,利用拉伸特征的内边界作为当前草图的图元,直线与圆弧加入了相切的约束。全部截面图形完成之后,将作图的辅助线删除,进行第二次拉伸长

度 20,可生成“body”上连接部位。

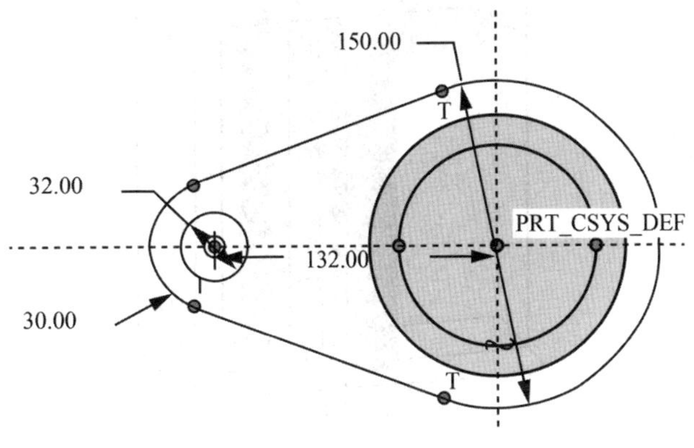

图 2-19　草图绘制

2.6.3.4　基准平面的创建

Pro/ENGINEER 中的基准包括基准平面(基准面)、基准轴、基准点和坐标系等,也称为基准特征,基准特征在创建零件一般特征、曲面、零件的剖切面和装配中非常有用。基准特征的创建方法相近,下面以基准平面的创建为例进行说明。

系统为用户提供了 TOP、FRONT、RIGHT 三个草绘基准平面,用于草图绘制。但有时这三个草绘平面无法满足零件的形状设计,必须创建新的基准平面。下面以创建“body”左侧接口形状为目标,创建一个与 RIGHT 平行的基准平面。

(1)单击基准特征工具栏中的图标按钮“ ”。

(2)选取 RIGHT 平面作为参照面,并将约束设定为“偏移”。

(3)在基准平面对话框中的平移文本框中直接输入偏移距离,如图 2-20 所示。

(4)点击“确定”按钮,完成新基准平面的建立,如图 2-21 所示。

图 2-20　创建平行偏移基准平面对话框

(5)类似将 TOP 面向上偏移 160,完成新基准平面 DTM2 的建立。

(6)单击基准特征工具栏中的图标按钮“ ”。

(7)鼠标选取 DTM1 和 DTM2,建立基准轴 A_4。

(8)单击基准特征工具栏中的图标按钮“ ”,选取基准轴 A_4 并选取 TOP,设置夹角

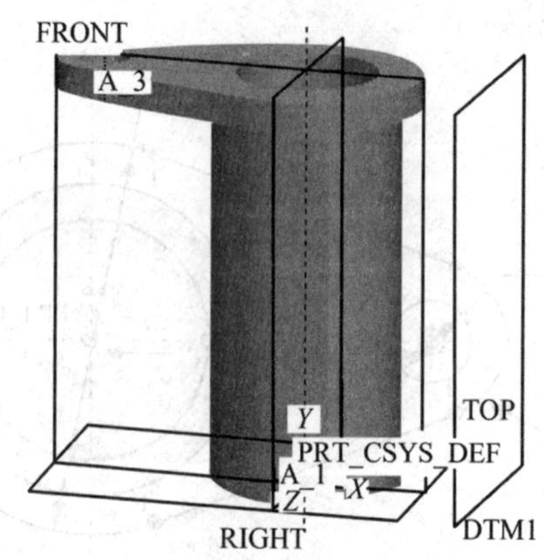

图 2-21 创建平行偏移基准平面

45°,建立新的基准平面 DTM3。

2.6.3.5 右侧拉伸特征

拉伸右侧倾斜的圆柱。

(1)单击工具栏“ ”按钮。

(2)单击“拉伸”创建面板的“放置”命令,弹出定义草绘截面的上滑面板,单击上滑面板中的“定义...”按钮,弹出草绘截面放置属性定义对话框,选择 DTM3 作为草绘平面,选择轴 A_4 作为参考,绘制右上部图形,如图 2-22 所示,然后单击“ ”按钮完成草绘,给定拉伸距离 20,完成上部创建。

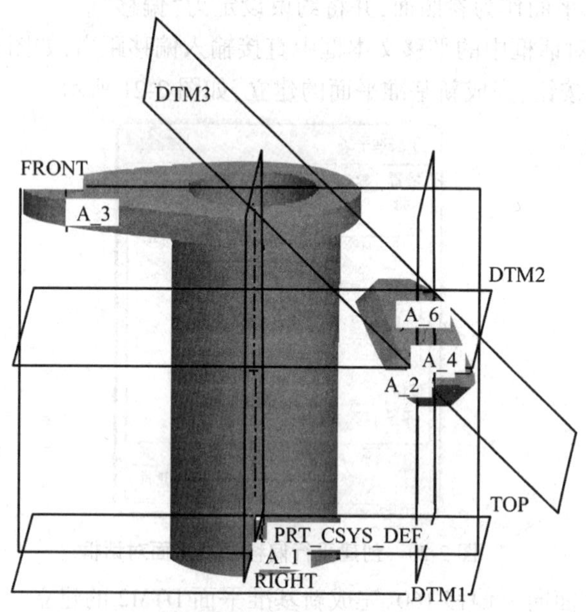

图 2-22 创建右侧上部结构

(3)类似用拉伸特征,选择 DTM3 作为草绘平面,选择轴 A_4 作为参考,绘制直径为 100 的大圆,然后单击“ ”按钮完成草绘,给定拉伸距离选择“ ”按钮(拉伸至下一曲面),完成下部圆柱的创建。

(4)继续采用拉伸特征,选择 DTM3 作为草绘平面,选择轴 A_4 作为参考,绘制直径为 60 的大圆,然后单击“ ”按钮完成草绘,给定拉伸距离选择“ ”按钮(拉伸至下一曲面),单击操控栏中的“ ”按钮,选择去除材料。完成后按操控栏“ ”按钮确认特征创建,完成单孔切除的创建,得到最终如图 2-14 所示实体。

2.6.4　生成零件的其他特征

以上介绍了使用 Pro/ENGINEER 进行零件设计的步骤。Pro/ENGINEER 作为面向机械设计、消费品、模具设计行业的三维设计软件,还有非常丰富的特征建模技术。这些特征包括:扫描特征、混合特征、螺旋扫描特征、可变剖面扫描特征、扫描混合特征、圆角特征、倒角特征、抽壳特征、创建曲面特征等。

2.6.4.1　扫描特征

扫描特征(Sweep)是将截面沿着一条给定的轨迹线垂直移动而形成的一类实体特征。创建扫描特征,必须定义特征的两大要素:扫描轨迹和扫描截面。图 2-23 所示为由截面图形扫描生成实体。

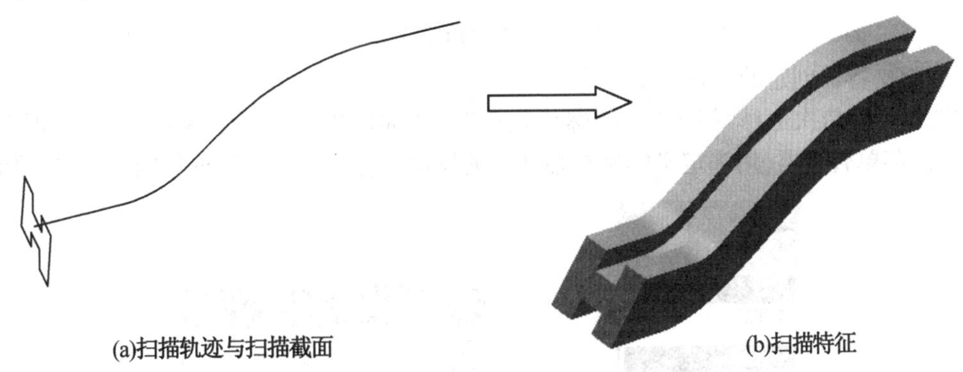

图 2-23　扫描生成过程

2.6.4.2　混合特征

混合特征(Blend)是将两个或两个以上的草绘截面在其边界处采用渐变的曲面连接而成的实体特征,图 2-24 所示的混合特征是由 3 个截面通过混合方式生成的。

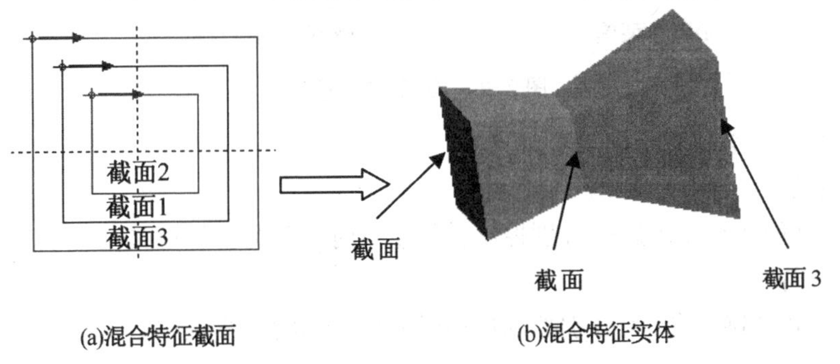

图 2-24　混合特征

2.6.4.3 螺旋扫描特征

螺纹紧固件是机械装配中应用很多的一类零件，这类零件的螺纹结构在 Pro/ENGINEER 中由螺旋扫描特征完成。下面对螺纹结构的创建做详细介绍。

螺旋扫描特征(Helical Sweep)是指将一个截面图形沿着一条螺旋轨迹做扫描，从而生成螺旋特征。Pro/ENGINEER 中的螺旋轨迹是通过一条扫描外形线、一条旋转中心线以及螺旋线的螺距来定义的，而外形线和轨迹线并不在最后的特征中显示。图 2-25 所示为螺旋扫描特征。

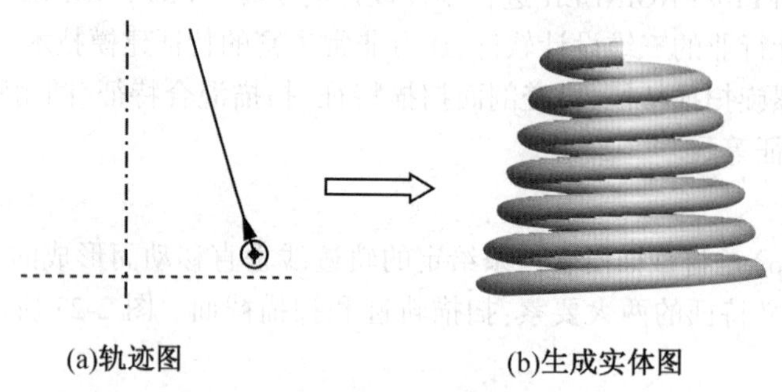

(a)轨迹图　　(b)生成实体图

图 2-25　螺旋扫描特征

螺旋扫描特征创建的过程如下：

在菜单栏中依次选择“插入”→“螺旋扫描”→“伸出项”命令后，系统则弹出如图 2-26(a)所示的菜单管理器，用来定义螺旋扫描特征的属性。此时信息对话框如图 2-26(b)所示。

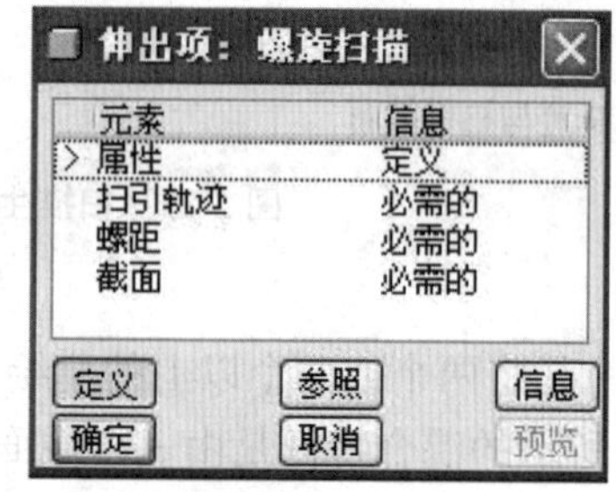

(a)属性菜单　　(b)螺旋扫描信息框

图 2-26　螺旋扫描设置

属性菜单的各项含义如下：

(1)螺距控制

“常数”与“可变的”两个属性分别控制特征生成时螺距为常量还是变量。

(2)截面方向

“穿过轴”和“轨迹法向”为分别控制扫描时截面图形的法线方向。

(3)旋向

生成螺旋扫描特征时，可以使用两种旋转方向。

· 右手定则(Right Handed)：螺旋线的方向由右手定则定义。

· 左手定则(Left Handed):螺旋线的方向由左手定则定义。

2.6.4.4　可变剖面扫描特征

可变剖面扫描(Var Sec Sweep)特征,可以通过控制截面的方向和形状,使截面沿一个或多个选定轨迹扫描截面来创建实体或曲面。图 2-27 所示为一个矩形截面沿 5 条轨迹线扫描形成的可变剖面扫描特征。

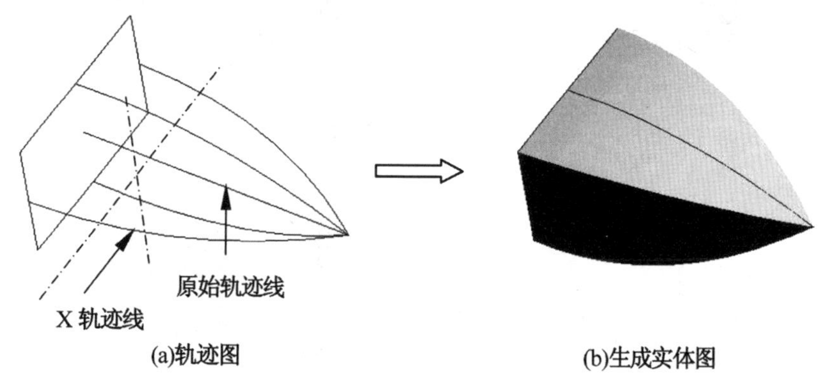

图 2-27　可变剖面扫描特征

2.6.4.5　扫描混合特征

扫描混合特征(Sweep Blend)是指使用轨迹线与多个截面图形来创建一个实体或曲面特征。这种特征同时具有"扫描"和"混合特征"的效果。图 2-28 所示是由三个截面图形沿一条轨迹线扫描混合所形成的特征造型。

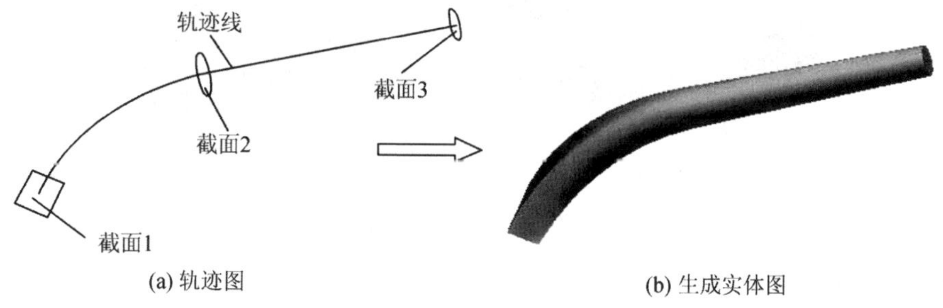

图 2-28　扫描混合特征

2.6.4.6　圆角特征

圆角(Round)特征可以在相邻的面之间创建光滑曲面,在零件设计中起着重要作用。在 Pro/ENGINEER 中,可以创建两种类型的圆角:等值圆角和不等值圆角,如图 2-29 所示。

2.6.4.7　倒角特征

零件设计过程中,通常需要对零件端部的边角进行倒角处理。Pro/ENGINEER 提供了两种创建倒角特征的方式:边线倒角和顶角倒角,如图 2-30 所示。

2.6.4.8　抽壳特征

抽壳特征(Shell)是指将实体的一个或几个表面去除,然后掏空实体内部,留下一定壁厚的壳。Pro/ENGINEER 提供了两种类型的抽壳特征:等厚度的抽壳和不等厚度的抽壳,如图 2-31 所示。

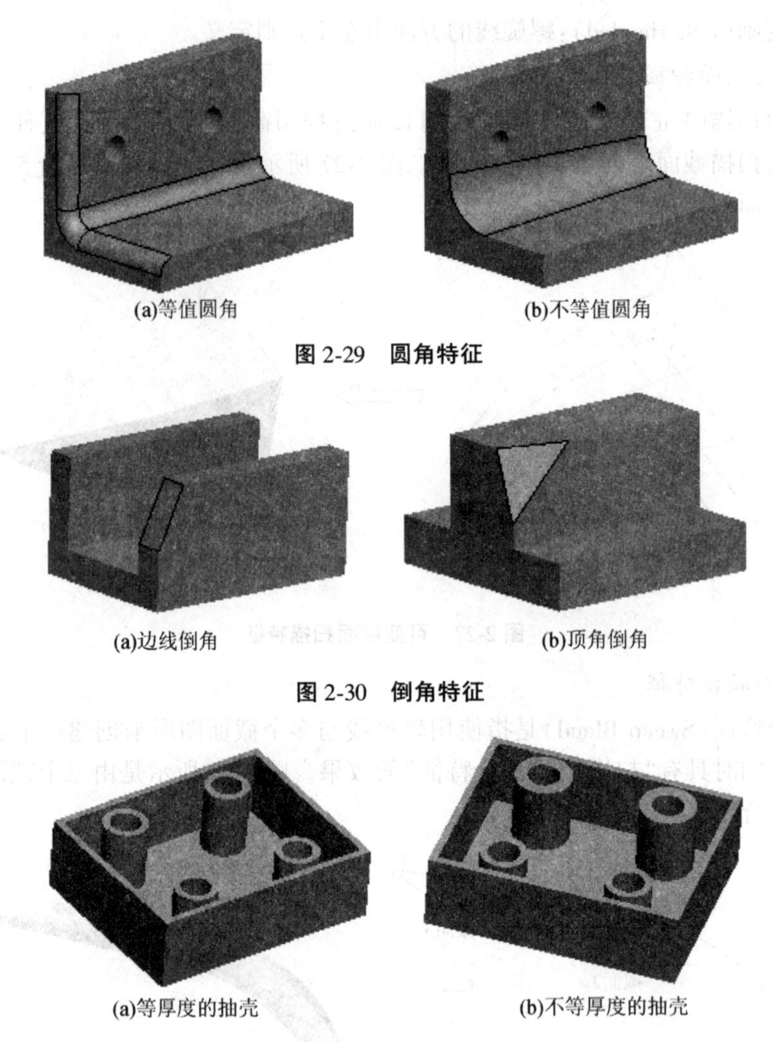

(a)等值圆角　(b)不等值圆角

图 2-29　圆角特征

(a)边线倒角　(b)顶角倒角

图 2-30　倒角特征

(a)等厚度的抽壳　(b)不等厚度的抽壳

图 2-31　抽壳特征

2.6.4.9　创建曲面特征

在 Pro/ENGINEER Wildfire 3.0 软件中有多种创建曲面特征的方法,但可以大致分为两类:直接创建和间接创建。

直接创建是指使用前面所讲的如拉伸、旋转、扫描、混合、变截面扫描、扫描混合、螺旋扫描的方法直接创建出曲面特征。间接创建是指由曲线通过边界混合的方法或者通过与已有的曲面相切的方法创建曲面。

绘制图 2-32(a)所示的曲线图形(可以首先创建辅助基准平面,然后在平面上再绘制曲线);然后激活边界混合命令;依次选择图 2-32(a)所示的第一方向的三条曲线和第二方向的三条曲线,得到如图 2-32(b)所示的双向边界混合曲面。

2.6.5　利用扫描混合特征创建圆方管转接头

2.6.5.1　建立扫描曲线

(1)新建零件文件并命名为“connector”。

(2)单击“”按钮,选择基准面 FRONT 为草绘平面,选择基准面 RIGHT 为左视图平面,

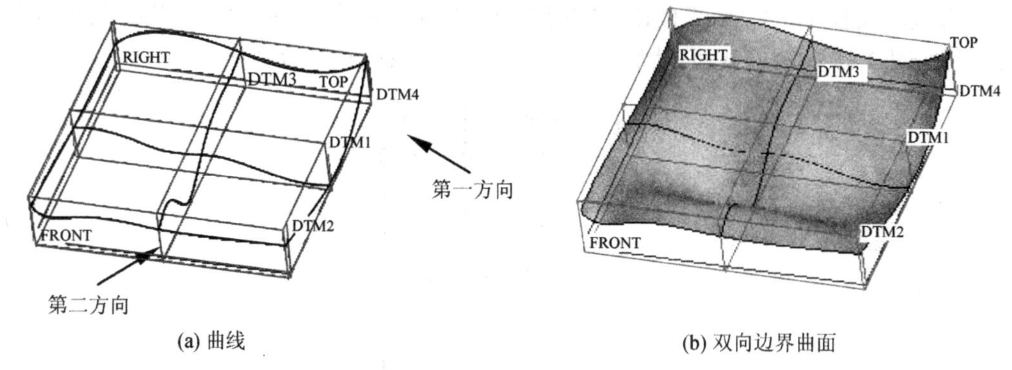

(a) 曲线　　(b) 双向边界曲面

图 2-32　创建曲面特征

然后单击进入草绘环境。

（3）绘制图 2-33 所示的 1/4 圆弧，然后单击“✔”按钮完成扫描轨迹。

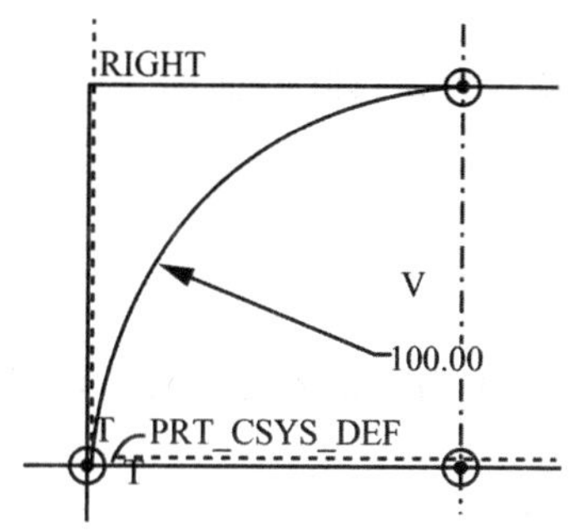

图 2-33　创建轨迹

2.6.5.2　建立扫描混合特征

（1）选择“插入”→“扫描混合”→“伸出项”命令。

（2）单击“参照”按钮，选取刚建立的扫描曲线，然后单击“截面”按钮进入截面面板，单击“选取项目”按钮，选取轨迹起点，再单击“草绘”按钮，进入草绘截面。

（3）绘制第一个截面，如图 2-34 所示，注意要使用“分割图元”按钮将圆打成四段，然后单击“✔”按钮。

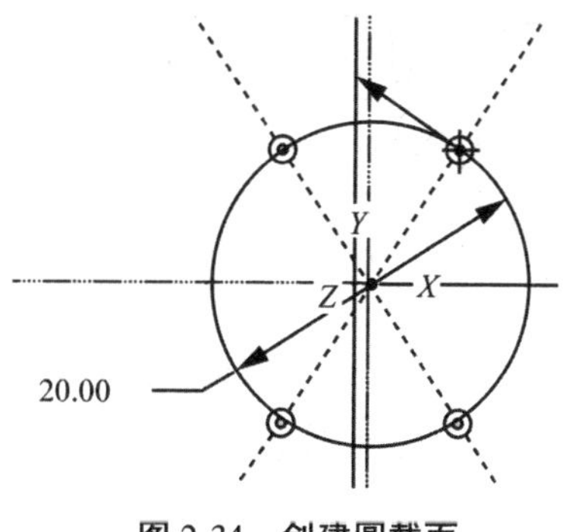

图 2-34　创建圆截面

(4)在截面面板单击"插入"按钮,选取扫描曲线的末端,然后单击"草绘"按钮,进入草绘截面,绘制如图2-35所示的截面,然后单击"✔"按钮,生成扫描混合实体。

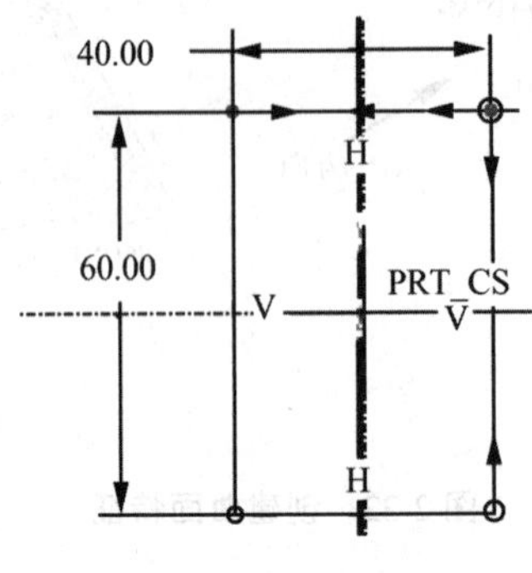

图2-35 创建矩形截面

2.6.5.3 增加壳特征

单击"回"按钮,选取实体两端面为要移除的曲面,然后输入壳厚度4,单击"✔"按钮成壳特征。

2.6.5.4 增加方形接头

(1)单击工具栏"拉伸"按钮。

(2)在拉伸控制面板单击"放置"按钮,定义基准面TOP为草绘平面,基准面RIGHT为右视图平面,然后单击进入草绘环境。

(3)绘制如图2-36所示的截面图形。

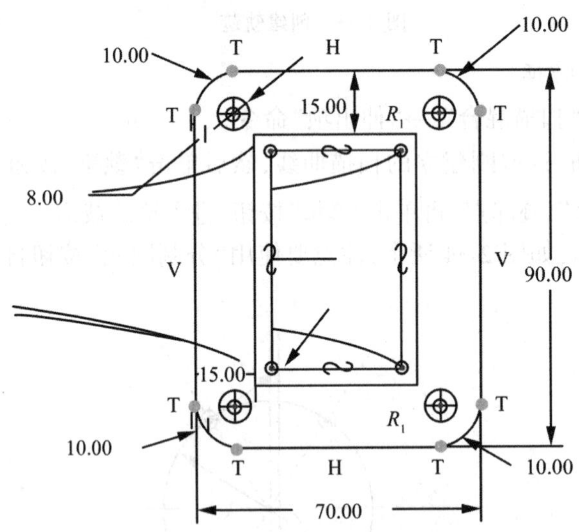

图2-36 创建方形接头截面图形

(4)输入拉伸深度4,然后单击"✔"按钮,完成方形接头。

2.6.5.5 增加圆形接头

(1)单击工具栏"拉伸"按钮。

(2)在拉伸控制面板单击"放置"按钮,定义圆管端面为草绘平面,基准面FRONT为顶视图平面,然后单击进入草绘环境。

(3)绘制如图 2-37 所示的截面图形。

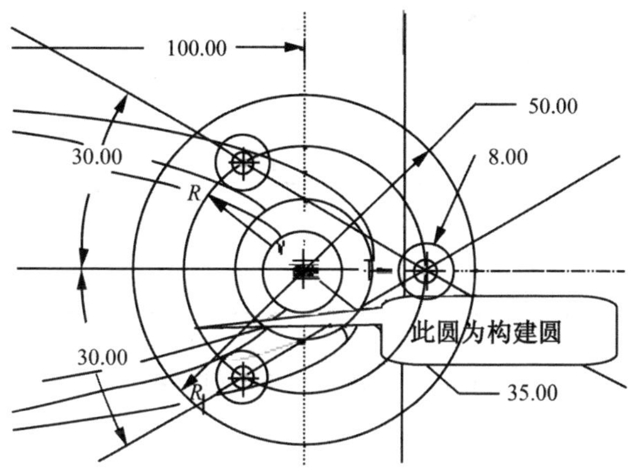

图 2-37　创建圆形接头截面图形

(4)输入拉伸深度 4,然后单击"✔"按钮,完成圆形接头,最终得到方圆形转换接口,如图 2-38 所示。

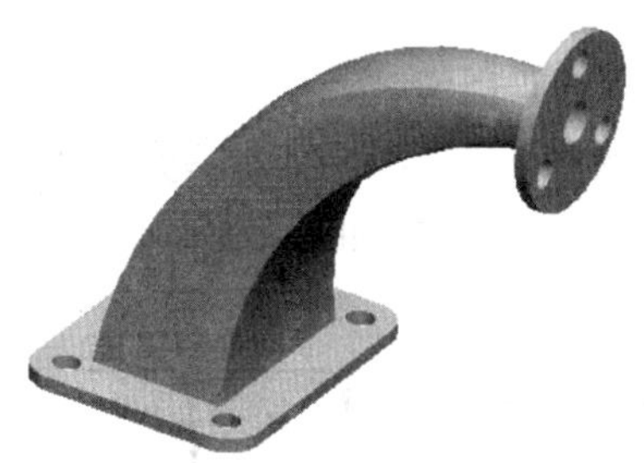

图 2-38　方圆形转换接头

2.6.6　利用图形特征和可变剖面扫描特征创建凸轮

在 Pro/ENGINEER 中,关系是书写在符号尺寸和参数之间用户定义的等式,包括数学关系式和程序语法、关系捕获特征、零件或组件元件内的设计关系,允许用户修改关系和模型。图形特征对于创建关系十分有用,利用图形特征,通过计算函数来控制尺寸,可以生成复杂结构。

下面介绍利用图形特征和可变剖面扫描特征创建凸轮。

2.6.6.1　建立凸轮从动件运动轨迹图形特征

(1)新建零件文件并命名为"tulun"。

(2)选择"插入"→"模型基准"→"图形"命令。

(3)输入图形名称"tulun",然后单击"✔"按钮。

(4)单击"⅃"按钮绘制好坐标系,再单击"┆"按钮绘制两条中心线作为 x 轴和 y 轴。

(5)绘制如图 2-39 所示的从动件运动轨迹函数图形。

(6)单击"✔"按钮完成图形特征。

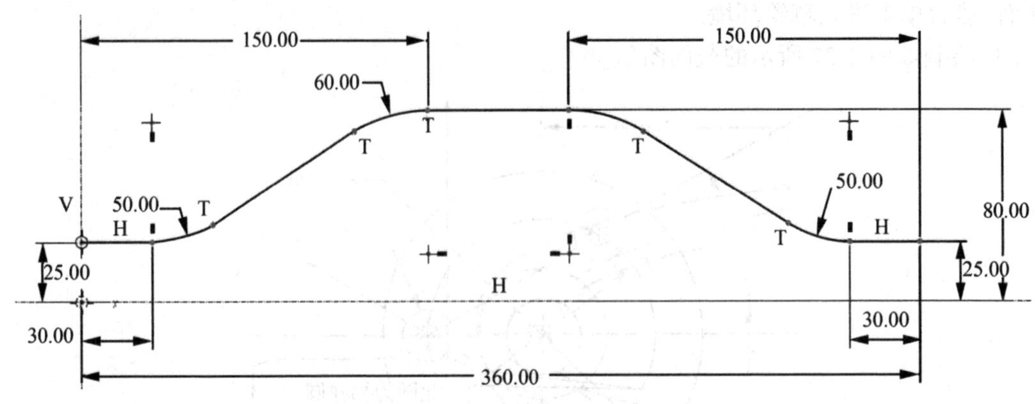

图 2-39 从动件运动轨迹图形

2.6.6.2 建立扫描曲线

(1)单击“”按钮,选择基准面 Top 为草绘平面,选择基准面 Right 为右视图平面,然后单击进入草绘环境。

(2)绘制如图 2-40 所示的圆形截面,然后单击“✔”按钮完成扫描曲线。

2.6.6.3 创建凸轮盘

(1)单击“”按钮,进入可变剖面扫描。

(2)在可变剖面扫描操控面板中按下“”按钮,选取刚建立的基准曲线。

(3)单击“”按钮,进入草绘环境,绘制如图 2-41 所示的矩形截面。

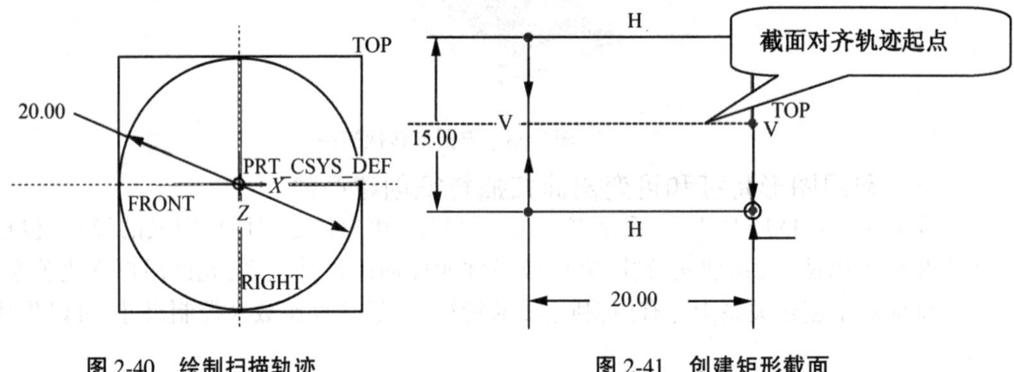

图 2-40 绘制扫描轨迹

图 2-41 创建矩形截面

(4)单击菜单中的“工具” →“关系”命令。在“关系”编辑框中输入 sd4 = evalgraph(“tulun”,trajpar * 360),如图 2-42 所示,然后单击确定完成。(该关系中 trajpar 是轨迹参数,其数值在 0 和 1 之间变化。)

(5)单击“✔”按钮完成凸轮盘。

2.6.6.4 增加轮毂

(1)单击“”按钮,选择基准面 Front 为草绘平面,选择基准面 Right 为右视图平面,然后单击进入草绘环境。

(2)绘制如图 2-43 所示的矩形截面,然后单击“✔”按钮完成草绘。

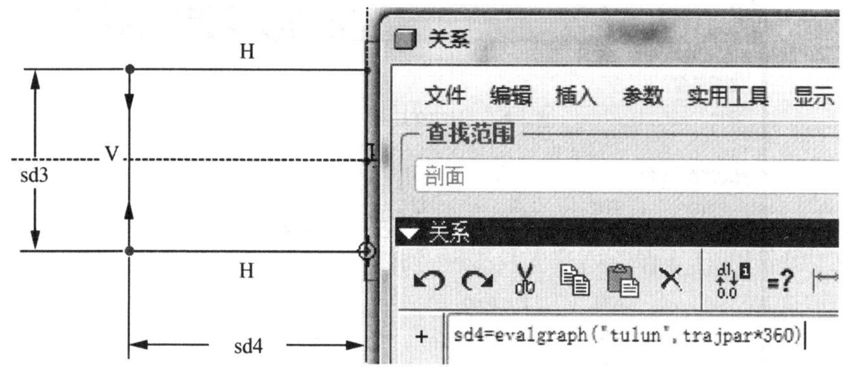

图 2-42　创建尺寸关系

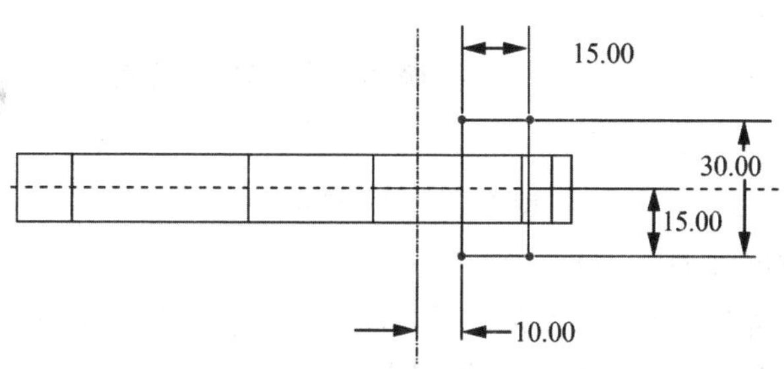

图 2-43　创建矩形截面

(3)输入旋转角度 360°,单击完成凸轮轮毂,得到最终凸轮矩形截面,如图 2-44 所示。

图 2-44　凸轮实体

2.6.7　渐开线直齿圆柱齿轮的参数化建模

本节介绍由参数通过关系创建直尺圆柱齿轮。每一步创建的特征都是由用户参数、关系式进行控制的,从而创建一个完全由用户参数控制的模型。通过编程的方法,将参数转化为输入提示,实现良好的人机交互。这种方法是一种典型的设计系列化产品的方法,它使产品的更新换代更加快捷、方便。

2.6.7.1　定义用户参数

(1)新建零件文件并命名为"CYLINDER_GEAR.PRT"。

(2)创建用户参数:M——齿轮模数,Z——齿轮齿数,B——齿轮厚度,PANGLE——压力角。

①单击菜单中的"工具" →"参数"命令。

②在弹出的"参数"对话框中单击图标"+"按钮,分别添加 m、z、b 及 pangle,修改其值为 2、40、25 及 20,如图 2-45 所示。

③单击"确定"按钮完成用户参数定义。

2.6.7.2　创建基准曲线及模型关系

(1)选择 FRONT 平面为草绘平面,进入草绘环境,绘制四个同心圆。

图 2-45 “参数”对话框

(2)单击菜单中的“工具” →“关系”命令。

(3)在弹出的“关系”对话框中添加如图 2-46 所示的关系式,式中 sd0 为齿顶圆直径、sd1 为分度圆直径、sd2 为基圆直径、sd3 为齿根圆直径、db 为中间变量。

(4)单击“确定”完成关系设置,单击“✔”按钮完成基准线草绘。

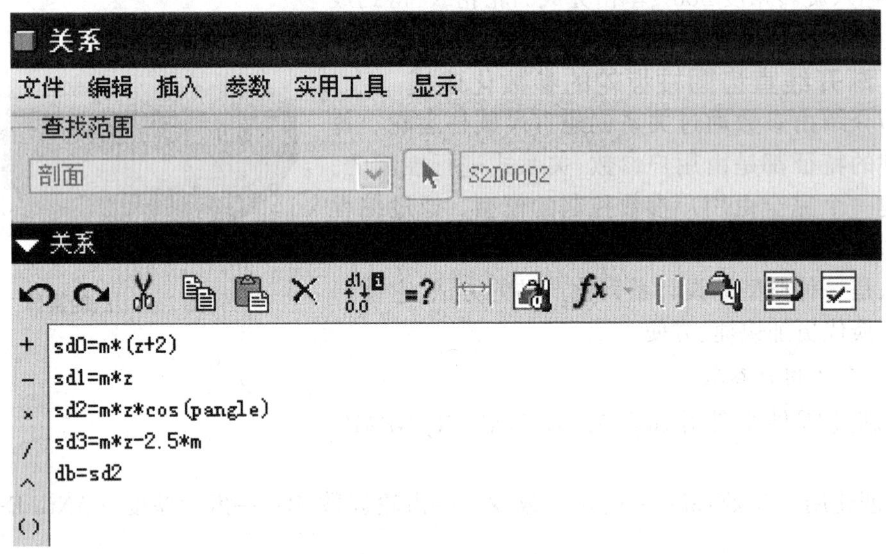

图 2-46 “关系”对话框

2.6.7.3 通过渐开线方程创建齿廓曲线

(1)单击基准曲线创建图标“～”按钮,弹出如图 2-47 所示的“曲线选项”菜单。在弹出的“菜单管理器”中选择“从方程”选项,单击“完成”选项,弹出如图 2-48 所示的“曲线:从方程”对话框和“得到坐标系”菜单。在模型树中选取默认坐标系 PRT_CSYS_DEF,此时弹出如图

2-49 所示的“设置坐标类型”菜单,并在设置坐标类型对话框中选取“笛卡尔”坐标。

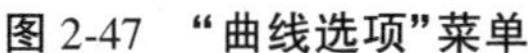

图 2-47 “曲线选项”菜单

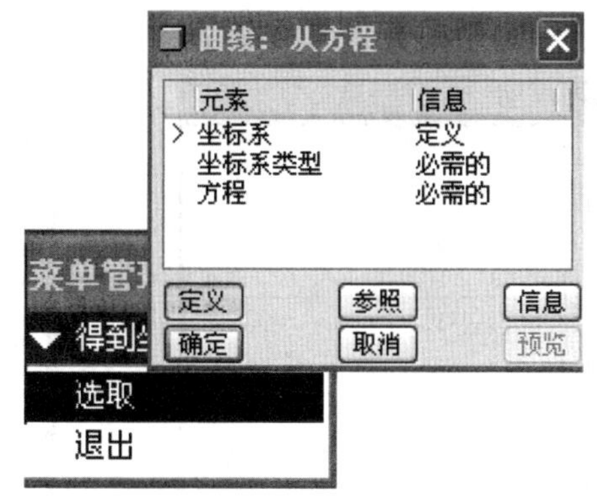

图 2-48 “曲线:从方程”对话框

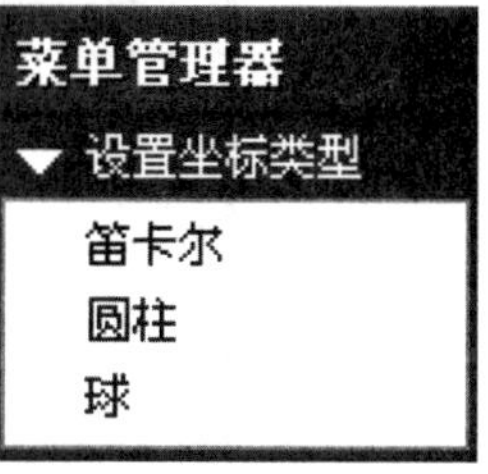

图 2-49 “设置坐标类型”菜单

(2)在弹出的记事本编辑器中输入如图 2-50 所示的定义渐开线方程并保存、退出。

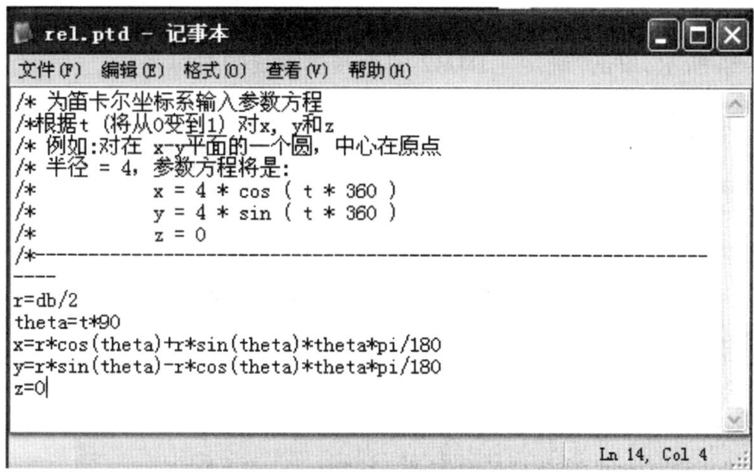

```
/* 为笛卡尔坐标系输入参数方程
/*根据t (将从0变到1) 对x, y和z
/* 例如:对在 x-y平面的一个圆, 中心在原点
/* 半径 = 4, 参数方程将是:
/*           x = 4 * cos ( t * 360 )
/*           y = 4 * sin ( t * 360 )
/*           z = 0
/*----------------------------------------------------------------
----
r=db/2
theta=t*90
x=r*cos(theta)+r*sin(theta)*theta*pi/180
y=r*sin(theta)-r*cos(theta)*theta*pi/180
z=0
```

图 2-50 定义渐开线方程

(3)在“曲线:从方程”对话框中单击确定按钮,创建如图 2-51 所示的渐开线。

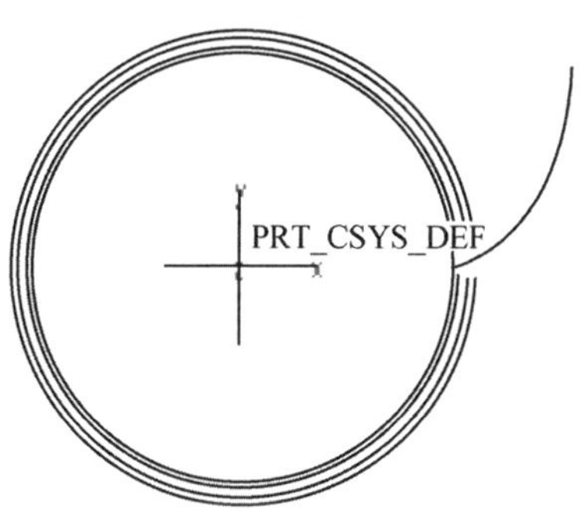

图 2 51 绘制渐开线

2.6.7.4 镜像另一侧的渐开线

(1)创建两齿廓线的对称平面

①通过分度圆与渐开线的交点创建基准点 PNT0,对话框如图 2-52 所示。通过 RIGHT 平面与 TOP 平面的交线创建基准轴 A1 轴,对话框如图 2-53 所示。

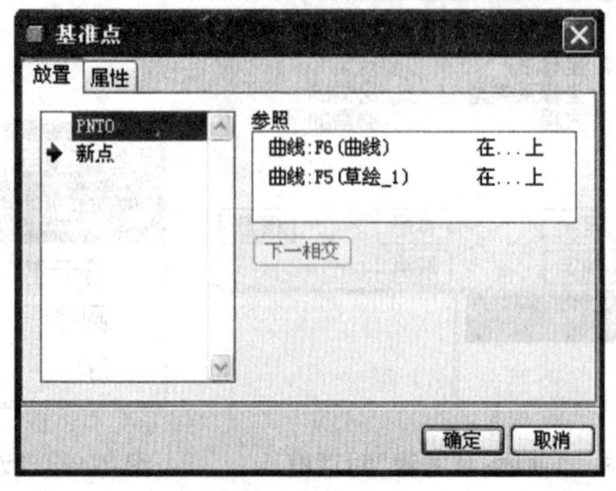

图 2-52 创建基准点

图 2-53 创建基准轴

②通过同时穿过 PNT0 基准点和 A1 轴创建基准平面 DTM1。

③单击创建基准面按钮,首先选择 A1 轴,按住 CTRL 键,选择 DTM1 面,输入旋转角度为 360/4/z,如图 2-54 所示,单击“确定”,DTM2 即为两齿廓线的对称平面。

(2)镜像另一侧的渐开线。

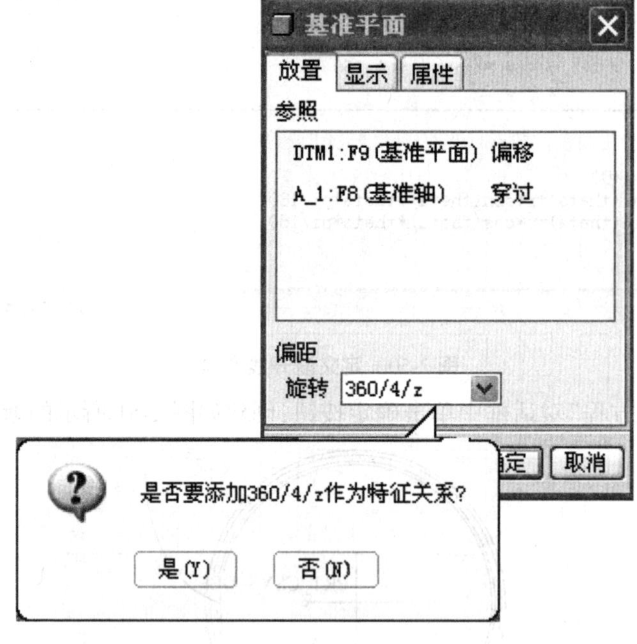

图 2-54 创建齿廓对称面

2.6.7.5 建造齿槽

(1)选择 FRONT 面进行拉伸操作,通过“ ”按钮操作,选择齿顶圆作为拉伸草图,拉伸高度为 B。

(2)选择 FRONT 面进行拉伸切除操作,通过“ ”按钮及“ ”按钮操作,形成齿根圆和两渐开线围成的封闭图形,如图 2-55 所示,然后采用“穿透”切除方式形成一个齿槽。

(3)选用“轴”选项阵列，阵列成员数为 40，角度增量为 360/z。当输入角度增量为 360/z 并按“Enter”键时，系统会弹出对话框来询问是否增加该特征关系，单击“是”按钮。单击阵列“完成”按钮，形成如图 2-56 所示的阵列齿槽模型。

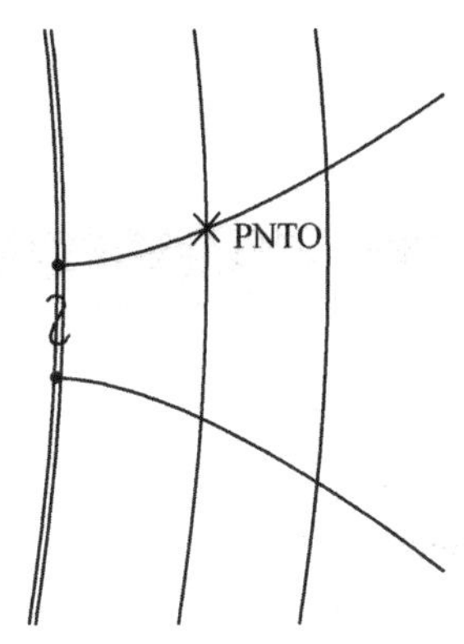

图 2-55　绘制齿槽截面

图 2-56　阵列齿槽

(4)设置阵列参数关系式

①单击菜单中的“工具”→“关系”命令，打开“关系”窗口。

②在模型树上单击阵列特征，然后按图 2-57 所示输入关系式。

③单击“关系”窗口中的“确定”按钮完成设置。

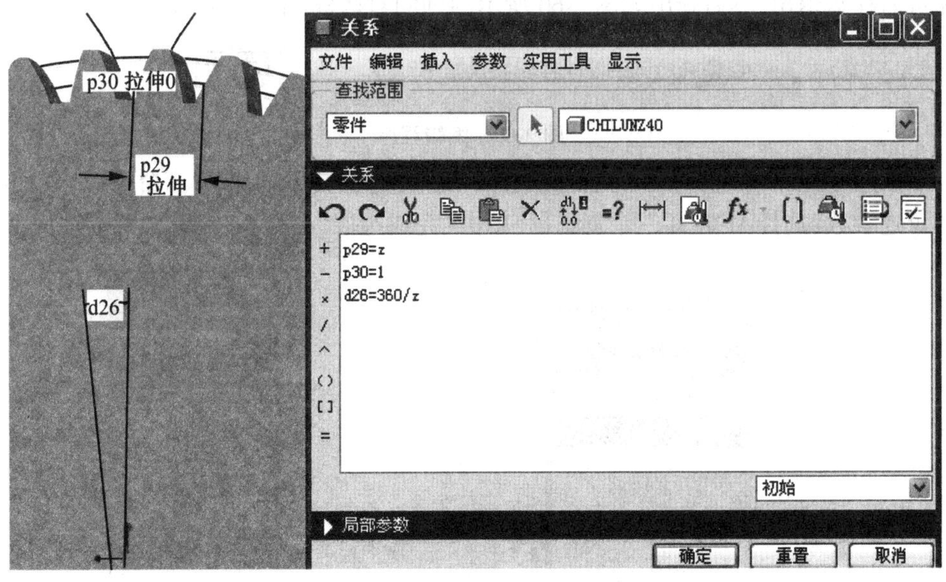

图 2-57　设置阵列关系

2.6.7.6　参数的输入控制

(1)单击菜单中的“工具”→“程序”命令。

(2)在弹出的图 2-58 所示的“程序”菜单管理器中选择“编辑设计”命令，在“设计”菜单中选择“自模型”，弹出程序编辑器。

(3)在编辑器的 INPUT 和 END INPUT 之间，输入如图 2-59 所示的内容：

M NUMBER
“请输入齿轮的模数:”
Z NUMBER
“请输入齿轮的齿数:”
B NUMBER
“请输入齿轮的厚度:”

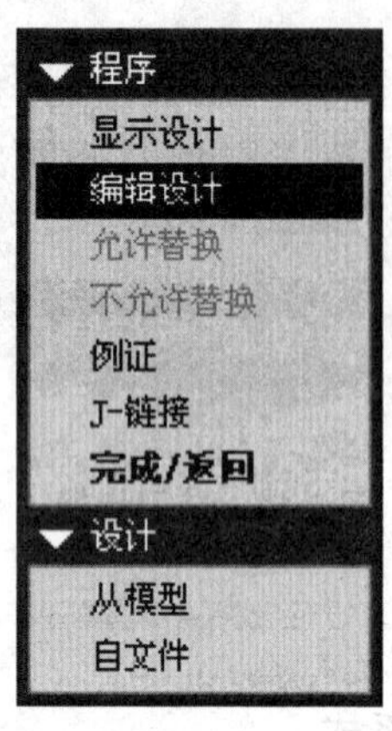

图 2-58 程序菜单

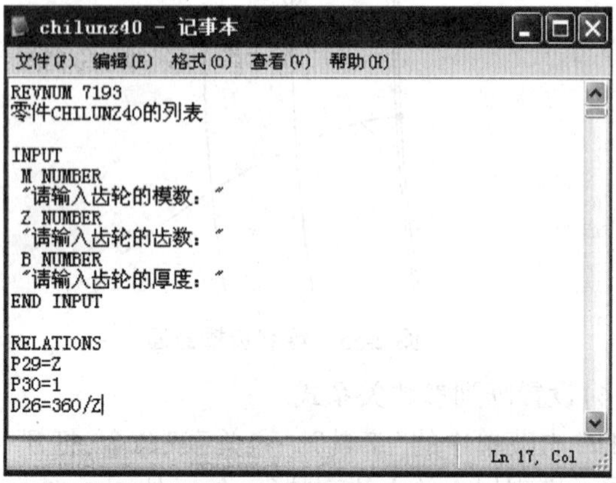

chilunz40 - 记事本
文件(F) 编辑(E) 格式(O) 查看(V) 帮助(H)

```
REVNUM 7193
零件CHILUNZ40的列表

INPUT
 M NUMBER
 "请输入齿轮的模数:"
 Z NUMBER
 "请输入齿轮的齿数:"
 B NUMBER
 "请输入齿轮的厚度:"
END INPUT

RELATIONS
P29=Z
P30=1
D26=360/Z
```

Ln 17, Col

图 2-59 编辑程序

完成后存盘退出,然后弹出如图 2-60 所示的询问对话框,单击“是”。

要将所做的修改体现到模型中? 是 是 否

图 2-60 编辑程序

(4)系统出现如图 2-61 所示的“得到输入”菜单,选择其中的“输入”命令,出现如图 2-62 所示的可选参数,选择 M、Z、B 三个复选框,单击“完成选取”命令。

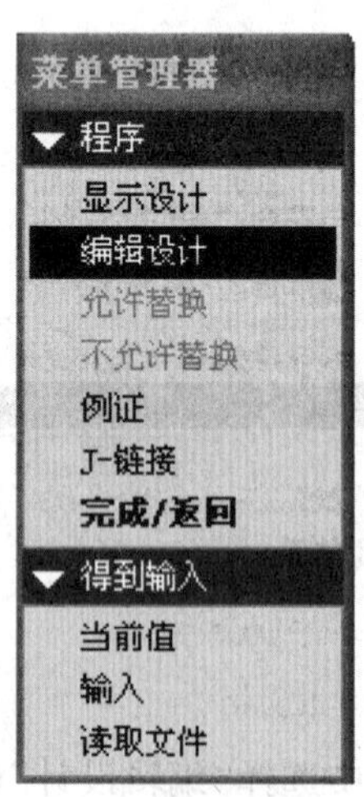

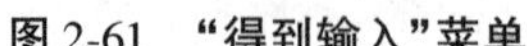

图 2-61 “得到输入”菜单

图 2-62 “输入参数”菜单

(5)系统分别弹出输入对话框,分别输入 M 为 2、Z 为 55、B 为 20,系统开始生成如图 2-63

所示的新模型。

请输入齿轮的模数： [2.0000] 2

请输入齿轮的齿数： [40.0000] 55

请输入齿轮的厚度： [25.0000] 20

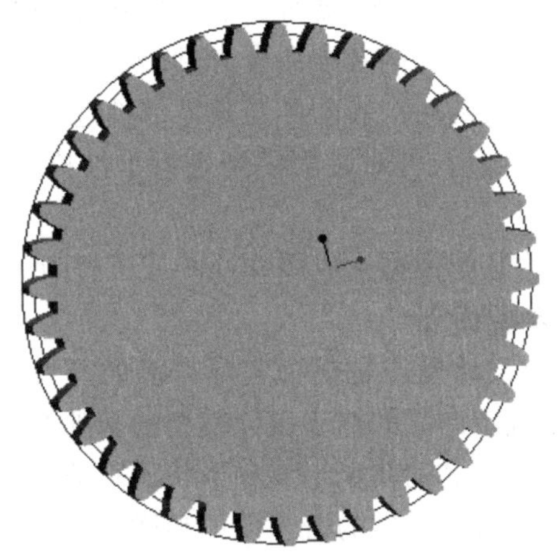

图 2-63　生成新的齿轮

2.6.7.7　保存文件,完成齿廓部分创建

以后每次打开该零件文件时,如果要产生新的渐开线圆柱直齿小齿轮,单击“ ”(再生模型)按钮,将弹出“得到输入”菜单。在“得到输入”菜单中,选择“输入”选项,接着出现 INPUT SEL 菜单,从中指定要重新定义的参数,输入新值即可。

2.7　装配模型及装配方法

装配模型是一个支持产品从概念设计到零件设计,完整正确地传递不同装配体设计参数、装配层次和装配信息的产品模型。它是产品设计过程中数据管理的核心,是产品开发和支持设计灵活变动的强有力工具。一个完整的装配模型应包含三个方面的信息:零件的信息、装配中零件之间的层次关系、装配中零件的装配关系。

在产品设计中,建立装配模型的方式有两种:自底向上(Bottom-up)的装配设计模式和自顶向下(Top-down)的装配设计模式。两种装配设计方法各有优势,可根据具体情况进行选用。

2.7.1　自底向上的装配设计

自底向上的设计方法是目前应用最多的一种设计方法。它的主要思路是先设计好各个零件,然后将这些零件拿到一起进行装配,如果在装配过程中发现某些零件不符合要求,诸如零件与零件之间产生干涉、某一零件根本无法进行安装等,就需要重新对各零件进行设计,再重新装配;若再发现问题,重复进行修改,如此反复。

这种设计方法的优点是思路简单,操作快,容易为大多数设计人员所理解和接受。但由于事先没有一个很好的规划，没有一个全局的考虑，设计阶段的重复工作很多，造成了时间和人力资源的很大浪费，工作效率低。

自底向上的装配设计步骤如下：

(1)零件设计：逐一构造装配体中所有零件的三维模型。

(2)装配规划：对产品装配进行规划。对于复杂产品，应采用部件划分多层次的装配方案，进行装配数据的组织。对于通用的零部件，应设计成独立的子装配文件以便在装配时引用。同时，应考虑产品的装配顺序，以便确定零件的引入顺序和配合约束方法。

(3)装配操作：采用系统提供的装配命令，把调入的零部件逐一装配成产品模型。

(4)装配管理和修改：可随时对装配体及其零部件进行替换和修改等。

(5)装配分析：完成装配后，可对装配模型进行干涉检查及零部件物理特性分析，以便及时对装配模型进行修改。

(6)生成装配文件：将装配模型生成爆炸视图或工程图，以用于后续的生产加工。

2.7.2 自顶向下的装配设计

自顶向下(Top-down)设计模式是模拟实际产品的开发过程，从功能建模开始，根据产品功能要求和设计约束，在确定产品的初步设计模型的基础上，确定各组成零部件之间的装配关系和相互约束关系；在确定产品的初步组成和形状的基础上，完成装配概念模型的建模。然后在总体装配关系的约束下，进行零件的概念设计和详细设计。在产品设计过程中，上一层装配体中确定的装配约束将成为下一层装配体的设计约束，这种约束关系应与最终模型被共同记录下来，以保证在后续的设计过程和再设计过程中，系统能自动维护这种约束关系，从而保持产品模型的一致性。

这种设计方法可以更好地利用零件之间的关系，大大提高设计效率。自顶向下的装配设计步骤如下：

(1)确定设计要求和任务：确定产品的设计目的、功能、设计任务等方面的内容。

(2)装配的规划：这是造型的关键步骤，主要是设计装配树的结构。这一过程主要包括三方面的内容：

①划分装配体的层次结构，并为每一个子装配体或部件命名。

②全局参数化方案的设计。应设计一个灵活、易于修改的全局参数化方案，便于零部件的多次修改。

③规划零部件的装配约束方法。

(3)设计骨架模型：骨架模型是装配造型中的核心内容，它包括整个装配的重要设计参数，这些参数可以被各个部件引用，以便将设计意图融入整个装配中。

(4)部件设计及装配：获得所需要的设计信息后，可以着手具体的部件设计。部件设计可以在装配中直接进行，也可以装配预先完成的部件。

(5)零件级设计：进行零件的结构设计。

2.8 基于 Pro/ENGINEER 的装配建模技术

Pro/ENGINEER 为用户提供了功能强大、高效、易用的装配设计环境。在完成单个零件的特征创建之后，使用零件装配模块可以将多个零件进行安装配合，从而生成复杂的组件或部件。

2.8.1　装配的基本概念和创建过程

零件装配就是将多个零件按照一定的配合关系组合在一起。将零件装配到一起形成组件的过程也是通过 Pro/ENGINEER Wildfire 软件指定零件之间约束的过程。通过指定零件之间的约束关系,确定零件之间的相对位置,从而完成零件装配。

在装配过程中,可以检验零件设计是否合理,组成装配的零件之间是否有干涉情况的发生;明确零件与零件之间的相对位置如何,使用何种关系对位置进行约束。

2.8.1.1　装配的一些概念和术语

(1)父零件和子零件:在装配过程中,已经存在的或者是首先被创建(调入)的零件为父零件,后调入(创建)的零件为子零件。零件装配的过程也是零件之间父子关系形成的过程。

(2)零部件:零部件是装配体中的单独零件或几个零件的组合。

(3)自由度:加入装配体中的零部件在配合或固定前有 6 个自由度:沿 X、Y、Z 轴的移动和围绕这 3 轴的旋转。一个部件在装配体中如何运动由它的自由度决定,使用“固定”和“配合”命令可限制零件的自由度。

2.8.1.2　创建装配体的过程

通常创建一个装配体的过程为:

步骤 1:创建新的装配体文件。

在菜单栏中选择“新建(New)”,系统弹出“新建”对话框,如图 2-64 所示。选择类型为组件,单击“确定”。

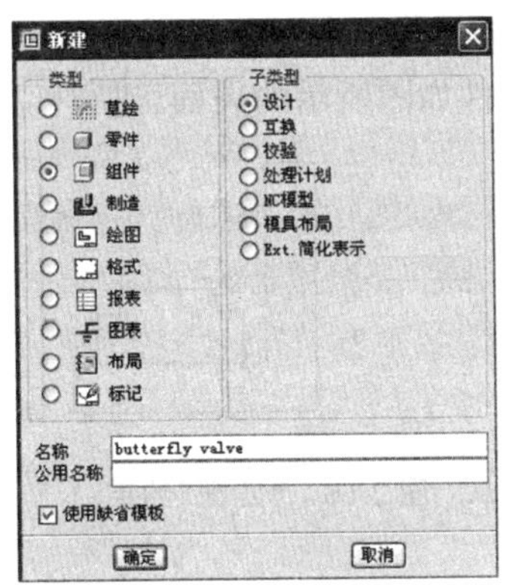

图 2-64　“新建”对话框

步骤 2:在特征按钮中单击“ ”按钮,弹出“打开文件”对话框,调入基础零件模型。系统弹出如图 2-65 所示的操控栏,单击“放置”(Placement)命令上滑面板,如图 2-65 所示。在面板中可以通过各种约束关系,确定零件的位置。

步骤 3:调入要装配的第二个零件模型,分析两个零件之间的装配约束关系,并选择相应的约束选项装配零件。

步骤 4:调入与装配模型有关的其他零件模型进行装配。

2.8.2　装配约束

装配约束是指一个零件模型相对于另一零件模型的放置方式和偏距。约束类型分为面约束、线约束和点约束等几大类,每种约束限制的自由度不同。装配建模的过程可以看成对零件

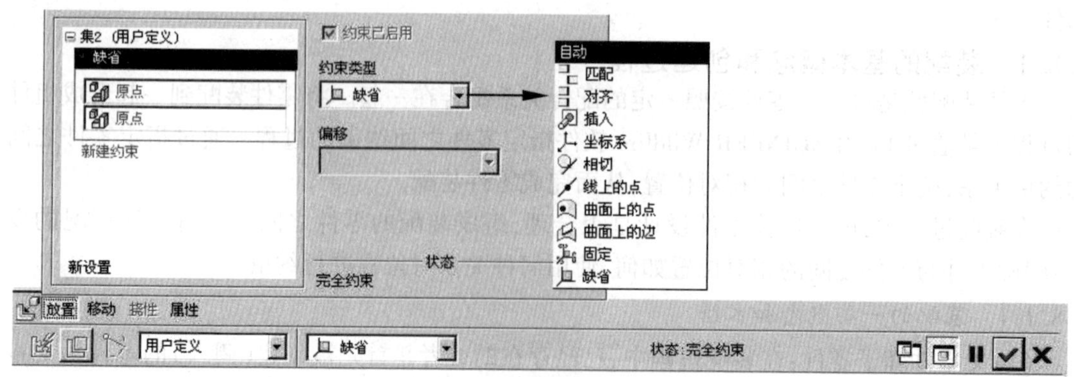

图 2-65 “元件放置”对话框

的自由度进行限制的过程。若设定好的约束刚好抵消了零件所有的自由度,称为完全约束;如果还有部分自由度没有限制,零件还有活动余地,称为欠约束;如果约束限制超过了自由度的数量,称为过约束。在过约束的情况下,约束之间可能存在冲突,需要加以消除。

Pro/ENGINEER 中装配约束的类型包括匹配(Mate)、对齐(Align)、插入(Insert)等。使用装配约束方式将零件模型加入装配体模型中,并形成父子关系后,零件模型的位置会根据其父零件位置的改变而改变。可以随时修改约束中的参数,并可以与其他的参数建立关系式。

(1)匹配

使用“匹配”约束可以使选择的两个零件表面平行,但正法线方向相反(即面对面),常用于两个零件平面的配合操作。结合“偏移”按钮下的偏距、定向、重合选项,可以调节两表面之间为紧贴还是有一定的间距。它的操作对象只能是平表面或基准平面。

在图 2-66 中分别选择两个元件如图所示的表面,进行匹配约束,结果如图 2-66 所示。

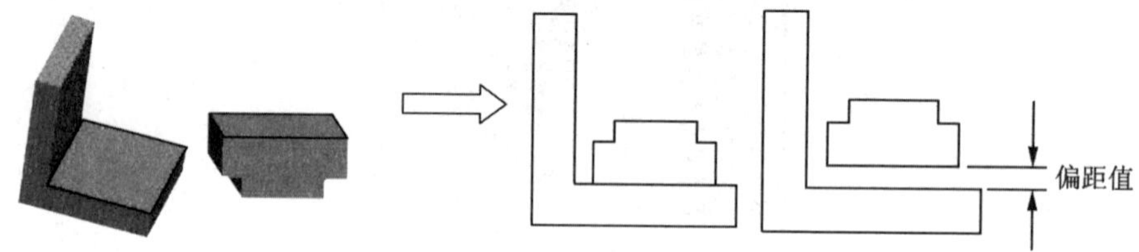

图 2-66 “匹配”约束

(2)对齐

“对齐”约束可以使选择的两个对象的正法线方向相同(即表面平齐,且朝向相同)。其选择对象可以是模型中的表面、基准平面、轴线或基准点。选择图 2-66 中的两个表面,对齐的结果如图 2-67 所示。

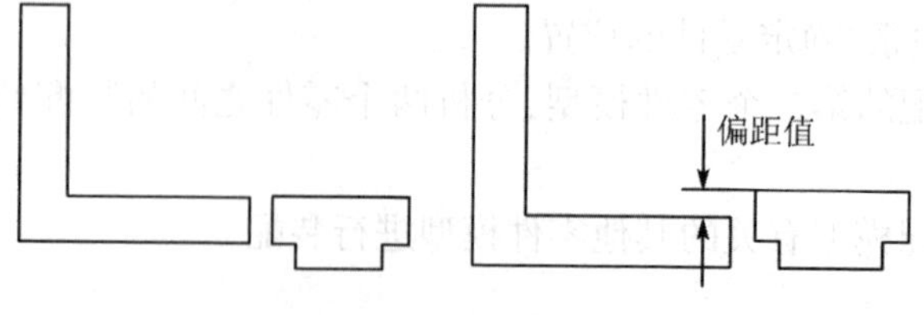

图 2-67 “对齐”约束

“对齐”约束也可适用于对齐两根轴线,分别选择图 2-68 所示两个模型中的轴线作为约束对象,结果如图 2-68 所示。

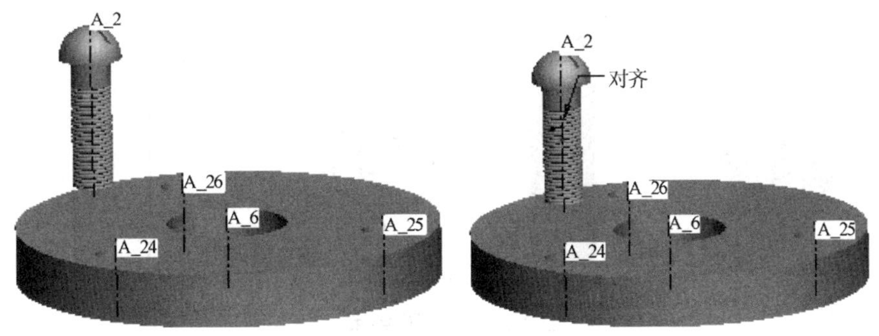

图 2-68　对齐轴线

(3)插入(Insert)

"插入"约束主要用来实现两个旋转曲面之间的配合,使两个轴线同轴,如图 2-69 所示。

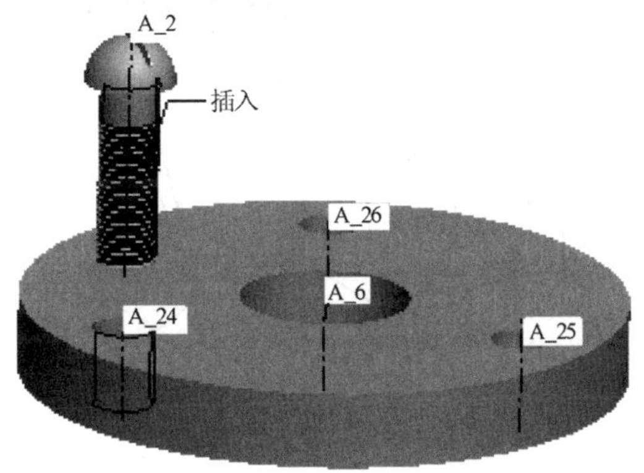

图 2-69　"插入"约束

(4)坐标系(Coord Sys)

使用"坐标系"约束,可以将装配元件和装配组件的坐标系对齐,即 X、Y、Z 三个坐标轴及坐标原点分别对齐。使用"坐标系"约束进行零件装配的结果如图 2-70 所示。

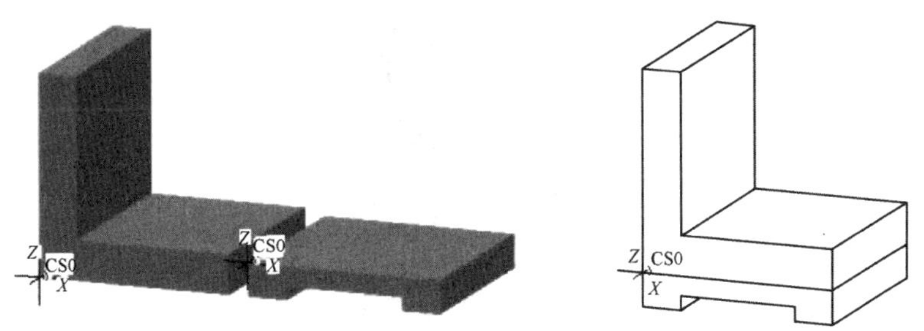

图 2-70　"坐标系"约束

(5)相切(Tangent)

使用"相切"约束可以确定两个表面之间的相切关系。

所选择的约束对象可以是模型表面或者基准平面,但是其中至少要包含一个曲面,如图 2-71 所示。

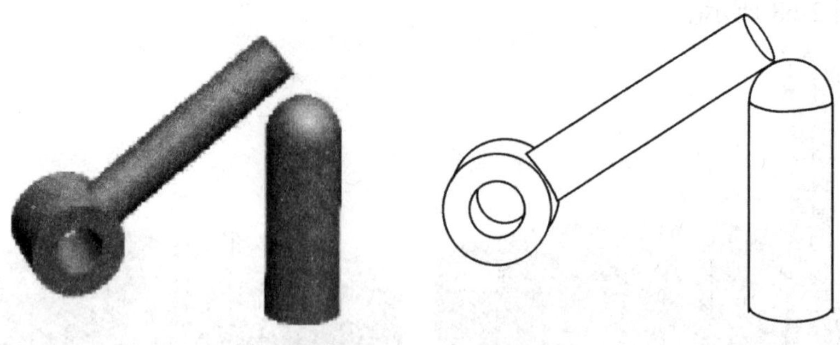

图 2-71 “相切”约束

(6)线上的点(Point On Line)

使用“线上的点”约束可以将一个点与一条线对齐。“线”可以是零件或者装配件的边线、轴线或者基准曲线;“点”可以是零件或者装配件上的顶点或基准点。在选择的过程中,应该首先选择点,然后再选取线。使用该约束来进行零件装配的结果如图 2-72 所示。

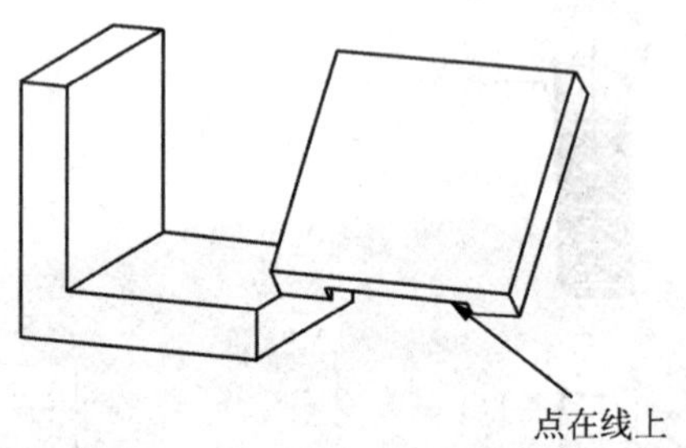

图 2-72 使用“线上的点”约束

(7)曲面上的点(Point On Srf)

使用“曲面上的点”约束可以将一个点与一个曲面对齐。“曲面”可以是零件或者装配件的基准平面、曲面特征或零件的表面;“点”可以是零件或者装配件上的顶点或基准点。使用该约束来进行零件装配的结果如图 2-73 所示。

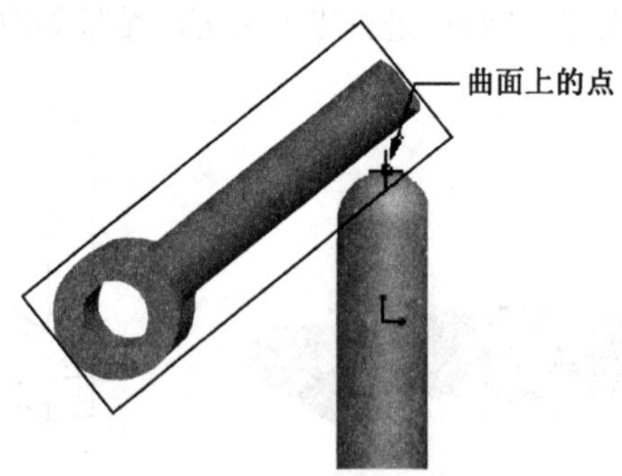

图 2-73 使用“曲面上的点”约束

(8)曲面上的边(Edge On Srf)

使用“曲面上的边”约束可以将一条边与一个曲面对齐。使用该约束来进行零件装配的结果如图 2-74 所示。

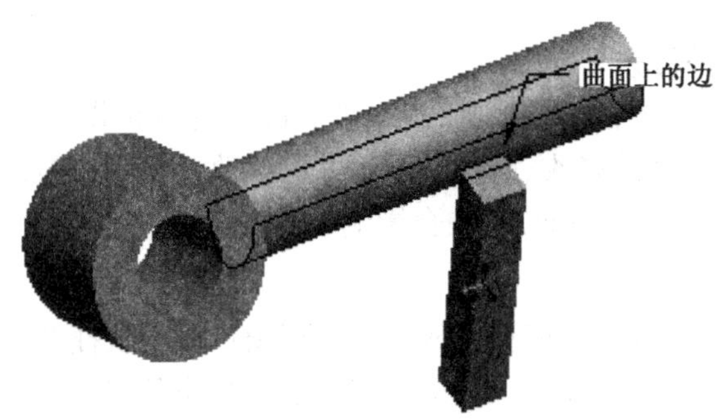

图 2-74　使用“曲面上的边”约束

(9)固定

使用“固定”约束可以将装配元件固定在当前的位置。

(10)缺省

使用“缺省”约束可以将装配元件的缺省环境的坐标与装配环境的缺省坐标系对齐。在向装配环境中引入第一个零件时通常采用这种方式来实现约束定位。

这 10 种约束方式中,除了“坐标系”“默认”“固定”约束之外,其他约束在使用时都要相互结合才能唯一确定零件的位置。

在图 2-65 中单击“新建约束”可增加一个约束,如果该特征位置已经被固定好,“新建约束”命令变为灰色。选中一个已经建立好的约束关系,单击右键,选择“删除”可以删除当前所选的约束。

2.8.3　装配元件的位置移动

在进行装配约束的过程中,为了能够更加方便地装配,用户需要不停地移动元件的位置,改变其方向,Pro/ENGINEER 提供了在装配过程中改变元件位置的方法。在图 2-65 中,单击操控栏中的“移动”(Move)命令,上滑面板如图 2-75 所示。

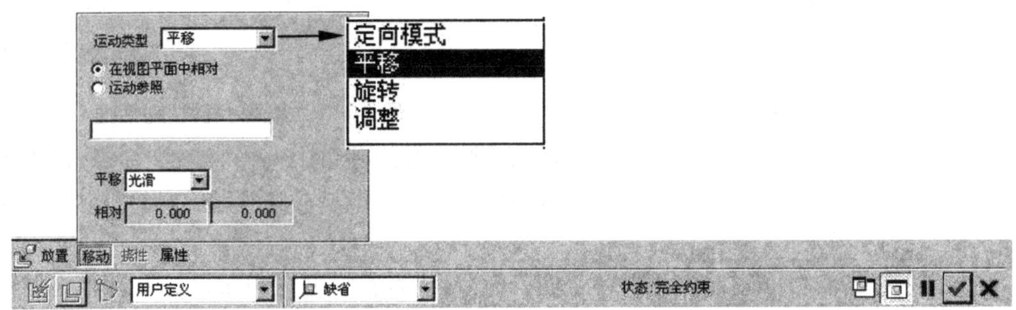

图 2-75　移动元件

· 平移(Translate):进行元件的移动。

· 旋转(Rotate):旋转装配元件。

· 调整(Adjust):捕捉元件的位置来满足装配的要求。

调整元件位置的方法是:在“移动”上滑面中板选择要移动或者旋转的元件,然后在图形窗口中左键单击选择元件,拖动鼠标,元件跟随移动,到合适的位置松开鼠标,完成元件位置的改变。

2.8.4 装配模型的管理

在进行装配设计过程中,如果发现装配或者装配元件有错误,可以进行以下修改:装配元件的打开与删除、元件尺寸的修改、元件装配尺寸的修改。但是在修改的过程中应该注意装配模型中的“父子”关系,修改父特征,往往会影响子特征。

2.8.4.1 打开、删除元件

元件的基本操作都可以通过模型树或者是图形窗口中的快捷菜单完成。

在模型树中选中要修改的元件,单击鼠标右键会弹出快捷菜单,从中选择“打开”或“删除”就可以完成。

2.8.4.2 修改元件尺寸

要修改元件的尺寸,首先要在装配体模型树中显示元件的特征。方法是:在模型树中单击“设置”按钮,在弹出的下拉命令中选择“树过滤器”命令,如图 2-76 所示。

接着系统弹出图 2-77 所示的“模型树项目”对话框,在“显示”组合框中选中“特征”选项,单击“确定”。在模型树中单击元件前面的“+”,可以显示组成元件的特征。此时可以像修改零件中的特征尺寸一样,修改装配模型中元件的尺寸。

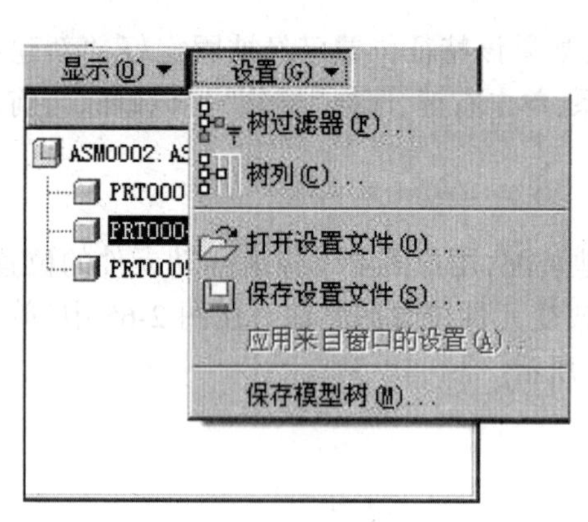

图 2-76 设置模型树

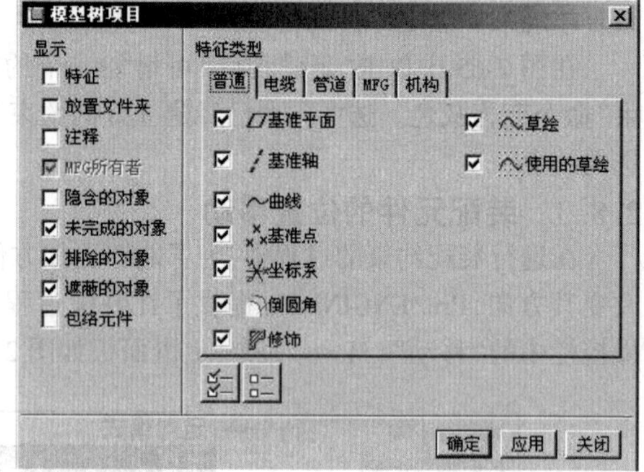

图 2-77 “模型树项目”对话框

在模型树中选中要修改的特征,单击鼠标右键,在弹出菜单中选择“编辑”命令,图形窗口显示特征相关的特征尺寸,单击某个尺寸可以修改尺寸值,但是在修改以后必须重新生成装配模型。

方法是:在菜单栏中选择“编辑”→“再生”命令;或者在模型树中用鼠标右键单击要修改的特征,并在弹出的快捷菜单中选择“再生”命令。

2.8.4.3 替换元件

当装配体模型完成之后,发现某个元件不合适,或者想要更换元件结构,同时不想改变原有的装配关系(“父子”关系),这时可以使用替换元件的方法完成元件之间的更换,因此替换元件也叫互换元件。

替换元件的方法是:在菜单栏中选择“编辑”→“替换”命令,此时系统弹出如图 2-78 所示的“替换”对话框。

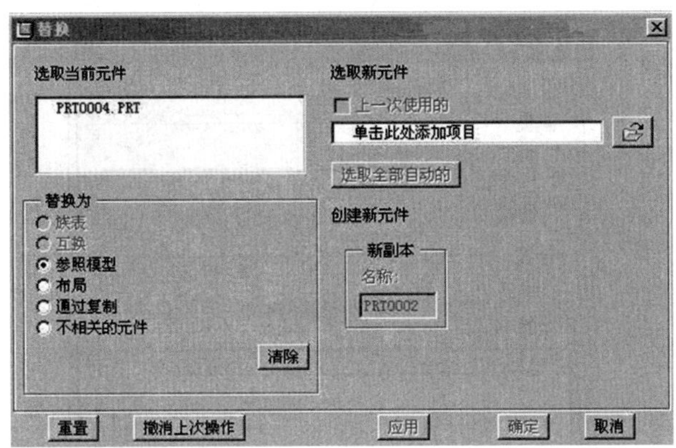

图 2-78　“替换”对话框

首先,在图形窗口选择被替换的元件,这时替换对话框中的相关命令会变亮,成为可操作的命令;然后,选择用来替代当前元件的零件模型。可以使用下面这几种方法来打开替代元件:

· 参考模型:使用包含有外部参照的零件来替换当前的装配元件。

· 布局:通过层来打开替代零件。

· 复制:通过复制替换零件。

· 不相关元件:指定一个具体的零件模型来替换当前的装配元件。

然后单击对话框中的“应用”,完成元件替代。

2.8.5　装配模型的分析

2.8.5.1　装配模型的干涉检查

完成一个装配体模型之后,除了可以从全局的角度来对装配体进行分析,还可以检查组成装配的各元件之间的干涉情况,包括是否有干涉发生、干涉量是多少。检查干涉情况的步骤如下:

步骤 1:激活干涉检查命令。在菜单栏中选择“分析”→“模型分析”→“全局干涉”命令。

单击干涉检查命令后,系统弹出“全局干涉”对话框,如图 2-79 所示。

步骤 2:设置全局干涉对话框。

选择要分析的元件类型、计算方式之后,单击“ ”按钮,系统在“结果”区域显示干涉分析的结果,包括干涉的零件名称、干涉的体积大小,同时在图形显示窗口将干涉部分用红色加亮显示。如果在装配体中没有干涉情况,则在信息提示行中显示“没有相互干涉的元件”。

2.8.5.2　生成装配动画

随着 3D 软件在产品设计中的推广应用,机械产品的设计和开发不断向 3D 化和虚拟化方向发展。虚拟装配的动画制作,可指导装配工艺编制和指导工人装配,提高产品质量。

动画制作可分为四步:一是定义主体;二是拖动并创建快照;三是创建关键帧序列,关键帧是动画过程中起到指示重要位置作用的快照;四是运行并回放。

创建装配动画的过程如下:

步骤 1:打开轴和齿轮连接的组件,在菜单栏中选择“应用程序”→“动画”命令,此时系统进入动画设置窗口。

步骤 2:主体定义。单击“ ”按钮,单击“每个主体一个零件”按钮后,单击“关闭”按钮,

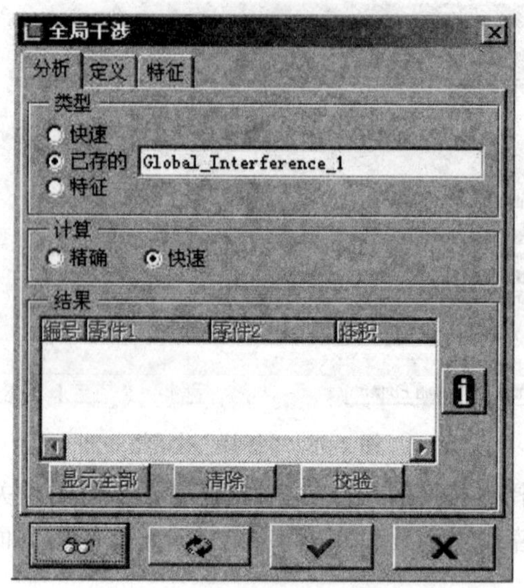

图 2-79 “全局干涉”对话框

如图 2-80 所示。

图 2-80 “主体”对话框

步骤 3:拖动并创建快照。单击“ ”按钮,单击“ ”按钮,记下组件的当前位置,如图 2-81 所示。用小手将零件拖到合适的位置,拍第二张快照,如图 2-82 所示。同理将所有的元件都拖出来并拍照,如图 2-83 所示。

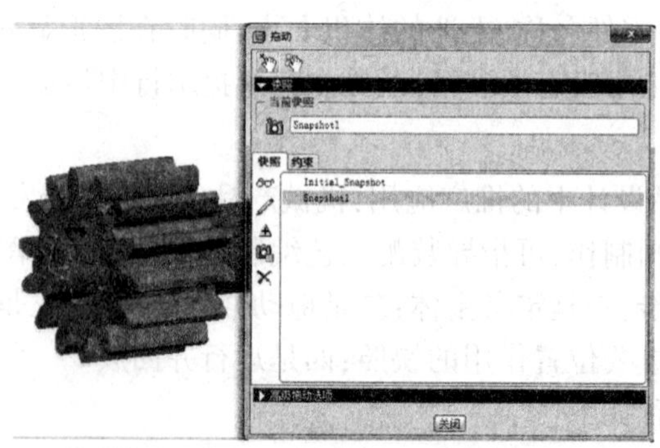

图 2-81 拍组件初始快照

步骤 4:创建关键帧序列。单击“ ”按钮,按照装配顺序将三个快照设置成关键帧并设

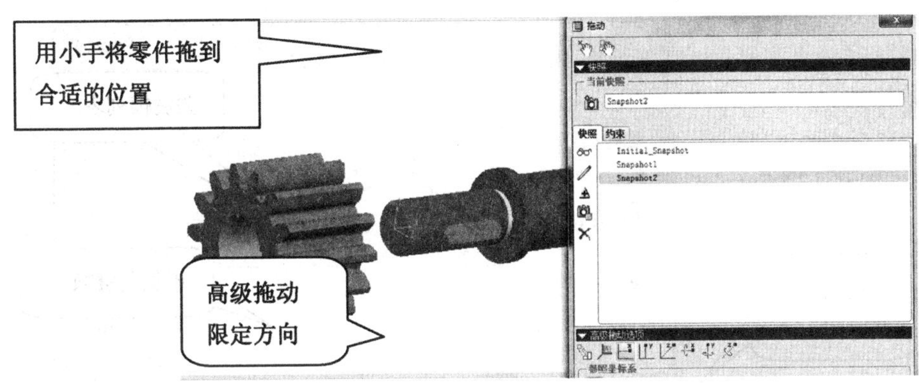

图 2-82　拖动零件拍第二张快照

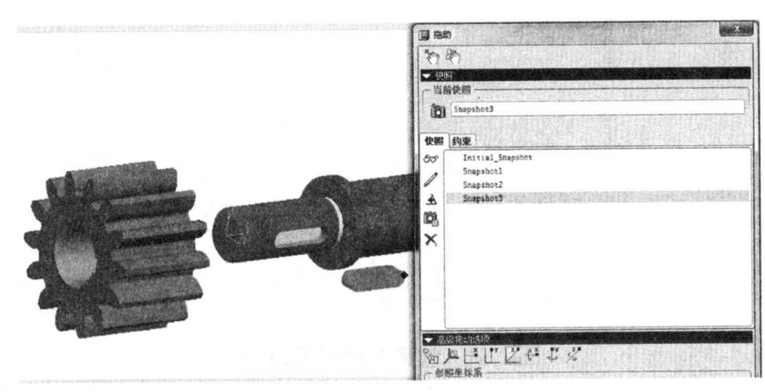

图 2-83　拍所有元件快照

置好时间,如图 2-84 所示,单击“确定”。

步骤 5:运行并回放,录制动画。单击“◀▶”按钮,弹出回放面板,如图 2-85 所示。通过动画面板可播放动画。单击“捕获”按钮,制作视频动画文件。

2.8.6　自底向上的装配设计实例

自底向上的设计方法是装配建模中最基本的方法,这种设计方法的基本流程是:首先设计零件,然后将零件组装成装配体,进行装配体分析验证后制作装配动画或工程图。下面以千斤顶为例说明自底向上的设计方法,该装配体结构如图 2-86 所示。

2.8.6.1　零件设计

构造装配体中复杂零件的三维模型,并将这些零件保存为零件文件,如底座、顶盖、螺杆、螺钉零件等。简单的止推轴承和钢球设计可在装配体中完成。

2.8.6.2　装配规划

装配规划是装配设计的核心内容。装配时主要考虑以下几个问题:

(1) 合理地划分和确定装配层次关系;

(2) 确定部件的装配顺序及约束方法。

本例中千斤顶装配体层次比较简单,分为两层即可,装配顺序为:底座→螺杆→止推轴承→钢球→顶盖→紧定螺钉→杆。

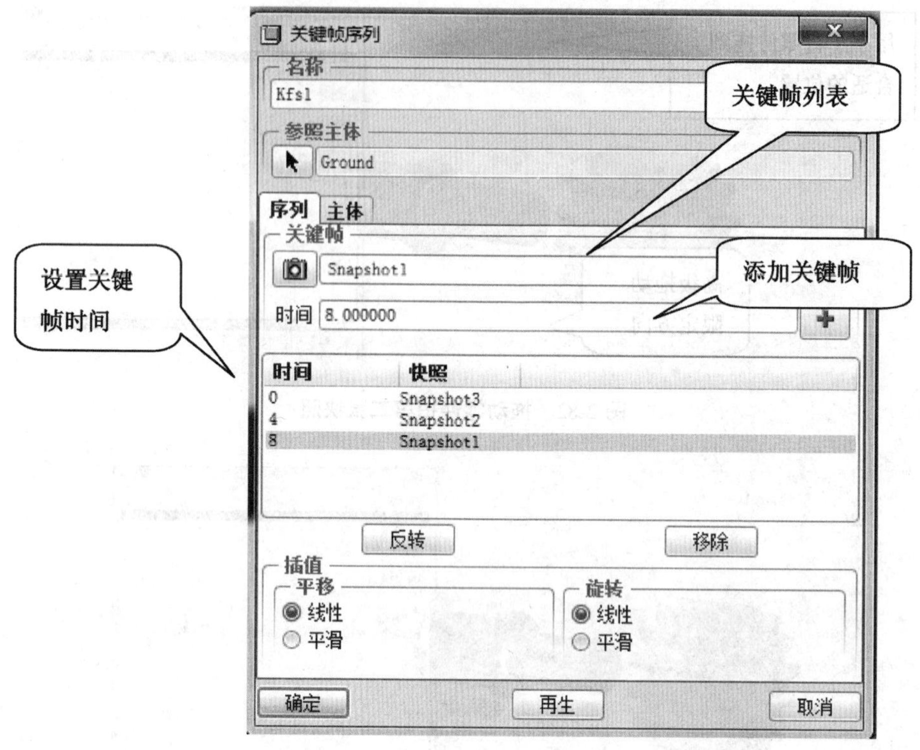

图 2-84　创建关键帧及时间

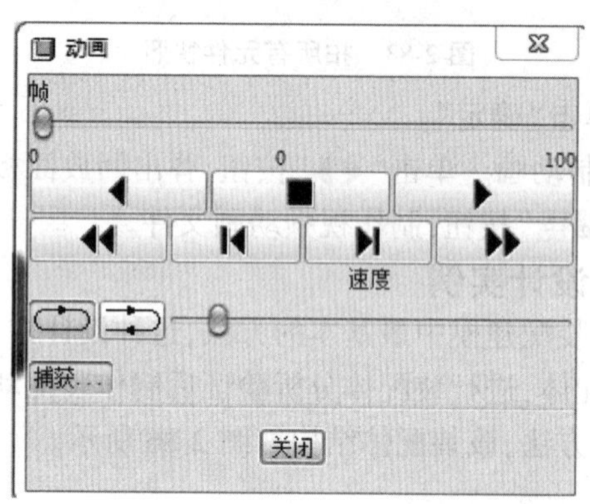

图 2-85　“动画”对话框

2.8.6.3　装配操作

(1)建立新文件

在菜单栏中单击“文件”→“新建”命令,系统弹出“新建”对话框。在“类型”组合框中选择“装配”,设置“子类型”为“设计”,输入文件名“QIANJINDING_ASM”,使用缺省模板,单击对话框中的“确定”按钮。

(2)调入底座零件

单击“ ”特征按钮,系统弹出“打开”对话框,选择底座文件,单击“确定”。

在操控栏中单击“放置”,并在“约束类型”中选择“缺省”,使用缺省的方式固定底座在装

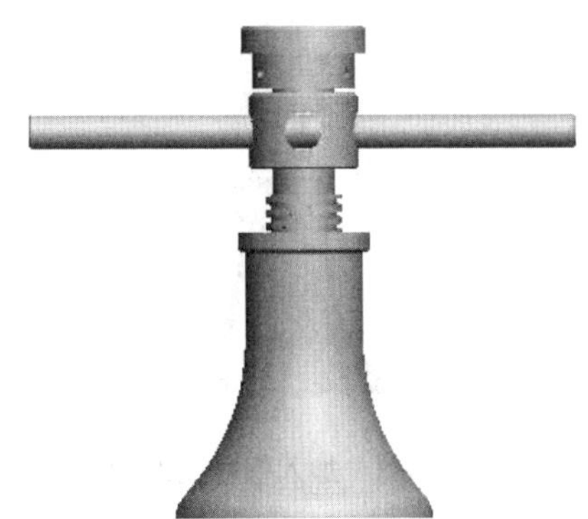

图 2-86　千斤顶装配结构

配体中的位置。

(3) 调入并装配螺杆零件

使用和(2)中相同的方法打开螺杆文件。单击操控栏中的“移动”命令，移动螺杆位置，使得装配体中底座及螺杆的相对位置如图 2-87 所示。

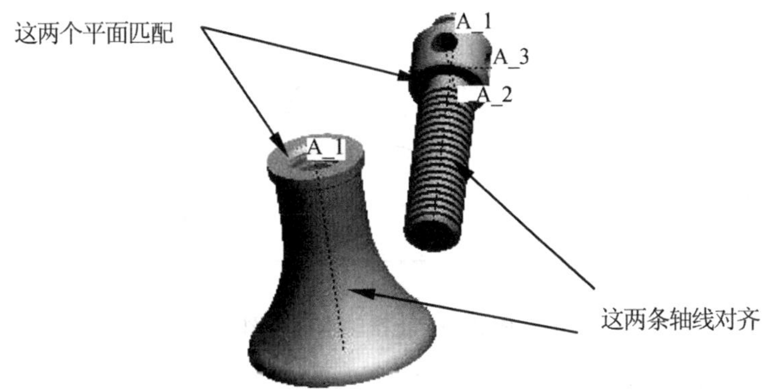

图 2-87　螺杆的装配

使用下面几个约束来固定螺杆的位置：

· 第一个约束为对齐。

在操控栏中单击“放置”，并在“约束类型”中选择“对齐”，然后分别选择图 2-87 所示的两条轴线。

· 第二个约束为匹配。

在操控栏中单击“放置”，并在“约束类型”中选择“匹配”，然后分别选择图 2-87 所示的匹配平面的两个平面。

将“偏移”选项设置为“偏距”，并在右侧文本框中输入偏距值为 40。

单击“放置”，完成位置约束。

螺杆装配完成后的装配体如图 2-88 所示。

(4) 创建止推轴承零件

①在装配体中创建新元件

单击“ ”特征按钮，在弹出的创建元件对话框中选择类型为“零件”，子类型为“实体”，

图 2-88 加入螺杆的装配体

输入文件名“BEAR”,单击“确定”按钮。

在弹出的创建选项对话框中选择创建方法为“空”,单击“确定”按钮。

②创建零件模型

此时在装配体模型树中增加了“BEAR. PRT”零件,用鼠标右键单击该零件,在弹出菜单中选择“打开”命令,系统自动进入零件模块,进行零件建模。

单击“ ”按钮,并使用草绘工具绘制如图 2-89 所示的截面图形,单击“ ”按钮。

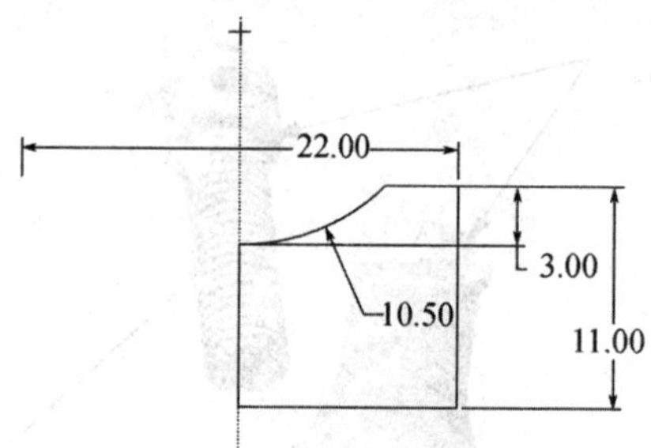

图 2-89 止推轴承截面图

设置旋转角度为 360°,单击“确定”按钮。

单击“ ”按钮,选择止推轴承的下面圆周为边界进行倒角。倒角的距离值为 2,完成后的止推轴承如图 2-90 所示。

(5)装配止推轴承

单击主菜单中的“窗口”命令,在下拉菜单中选择“QIANJINDING_ASM. ASM”,将图形窗口切换到装配体的显示。

在装配体模型树中用鼠标右键单击“BEAR. PRT”,并在弹出菜单中选择“编辑定义”命令,进行止推轴承的装配。

如果此时,在图形窗口中没有发现止推轴承,可以使用操控栏中的“移动”命令,打开“移动”上滑面板移动元件,将止推轴承移动到底座和螺杆的外侧。

图 2-90 止推轴承

按照图 2-91 所示,使用对齐、匹配两种方法来装配止推轴承。

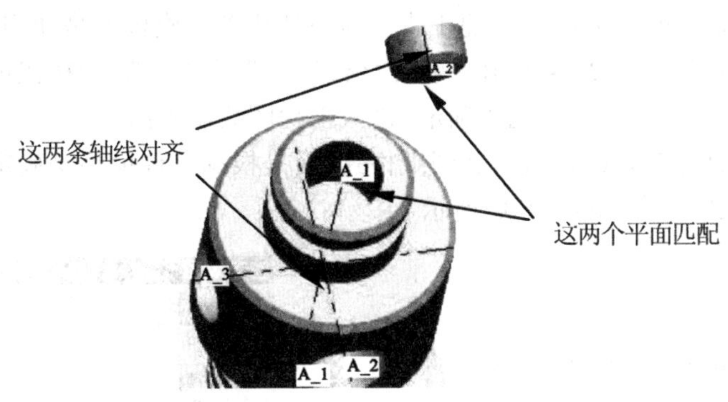

图 2-91　装配止推轴承

(6)创建并装配球零件,然后调入并装配顶盖、螺钉和转动杆,完成千斤顶的装配,如图2-86所示。

2.8.6.4　装配模型的管理与修改

利用装配体的特征管理器可对装配体的要素和元件进行管理和修改,如调整零部件的存在状态和配合关系等。

2.8.6.5　装配分析

完成模型的总体装配后可进行装配模型的干涉检查及零部件的物理特性分析,及时发现装配过程中出现的问题,以便对装配模型进行修改。

2.8.6.6　创建装配动画

装配分析正确后,为了更加清楚地表达装配顺序,可参照前面的介绍创建千斤顶的装配动画。

2.8.7　创建工程图

工程图是进行产品设计的最终技术文件。制作符合国家标准要求的工程图是设计师必须完成的任务之一。Pro/ENCINEER 软件提供了功能强大的工程图模块。它能够根据创建好的零件模型或装配模型生成对应的工程图,并且可以实现工程图上的尺寸标注、公差标注、文本注释。

2.8.7.1　创建工程图

创建工程图文件的过程为:在菜单栏中选择“文件(File)”→“新建(New)”命令,或者直接单击工具栏上的“🗋”按钮,新建一个文件。此时系统弹出如图2-92所示的对话框。在“新建”对话框中选择“类型”为“绘图”,并输入工程图文件名,确定是否使用缺省模板,最后单击“确定”按钮。

在单击“确定”按钮后系统弹出如图2-93所示的“新制图”对话框,对工程图的零件(装配)模型、是否使用模板等内容进行进一步的设置。

缺省模型(Default Model):指要制作工程图的零件模型。

使用模板(Use Template):使用系统原有的模板作为工程图的模板。此时“新制图”对话框如图2-93所示,系统列出可以使用的所有工程图模板文件,可根据要求选择适合的模板文件。单击“确定”按钮进入工程图绘制。

格式为空(Empty with Format):创建工程图时不使用默认模板但是使用默认的图纸格式。此时的“新制图”对话框如图 2-94 所示。单击“格式”组框中的“浏览”按钮可以浏览选择系统中存在的工程图图纸格式。之后单击“确定”进入工程图绘制界面。

空(Empty):不使用默认的模板或者图纸格式,而是根据零件模型来确定图纸的大小及方向。此时的“新制图”对话框如图 2-95 所示。

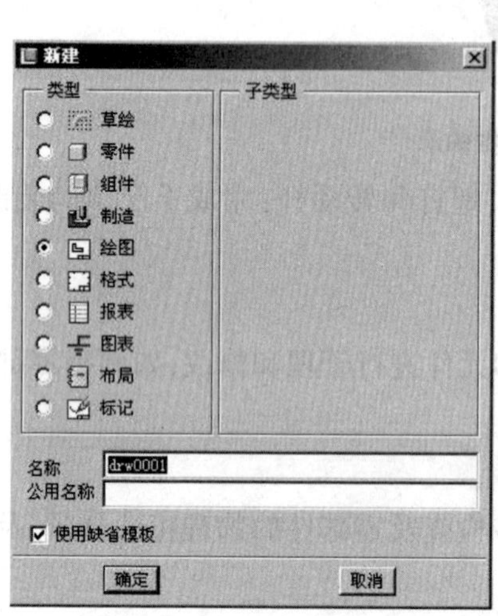

图 2-92 “新建”对话框

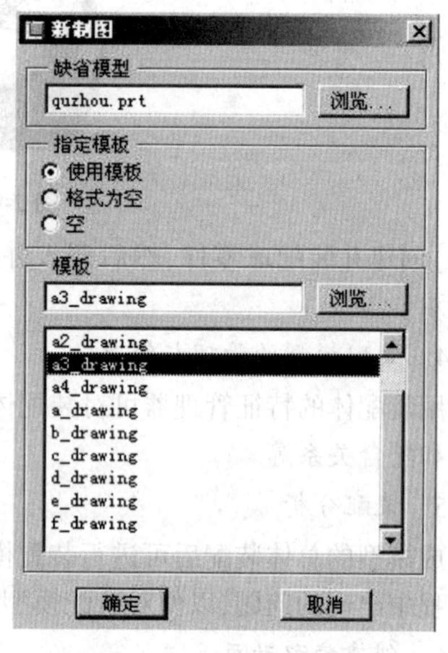

图 2-93 “新制图”对话框

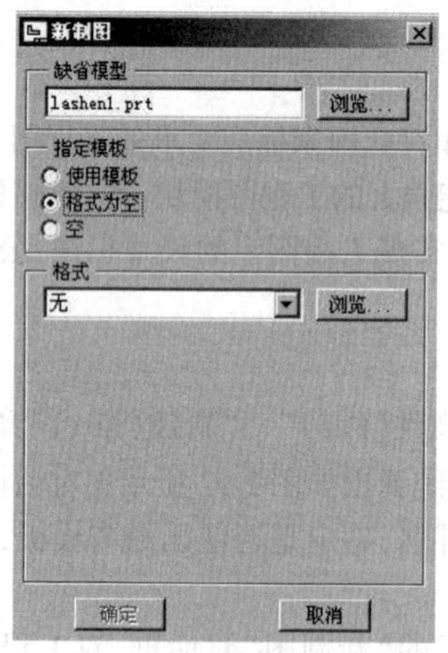

图 2-94 选取图纸格式

图 2-95 自定义图纸

2.8.7.2 工程图模板的修改和格式设置

由于模板文件的设置不能满足不同设计者的要求,Pro/ENGINEER 允许设计者修改工程图的设置文件“pro.dtl”,如对尺寸高度、文字方向、文字字形、几何公差标准、投影方向、尺寸标注格式等进行修改。Pro/ENGINEER 默认的投影方式为第三角投影,而我国的国家标准为第一角投影,因此必须在设置文件中对该选项值进行更改。

此外,也可以利用 Pro/ENGINEER 的工程图格式,建立符合我国标准的包括图框、标题栏等要素的图纸格式。工程图格式有单独的设置文件“format. dtl”,此文件独立于“pro. dtl”。创建工程图格式的一般过程为:

(1)在菜单栏中选择“文件(File)”→“新建(New)”命令,或者直接单击工具栏上的“□”按钮,系统弹出“新建”对话框。注意在新建对话框中文件的类型一定要选择“格式”,如图 2-96 所示。输入文件名“A3”,单击“确定”按钮。

(2)系统接着弹出图 2-97 所示的“新格式”对话框,该对话框的设置与工程图创建过程中的“新制图”相似。选择不使用模板,并确定图纸大小,单击“确定”按钮。

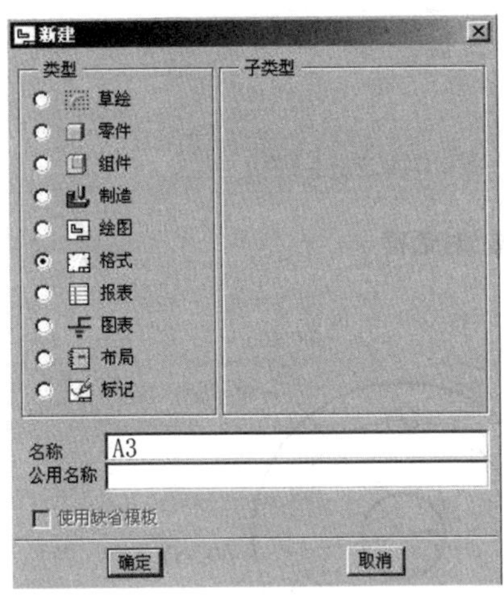

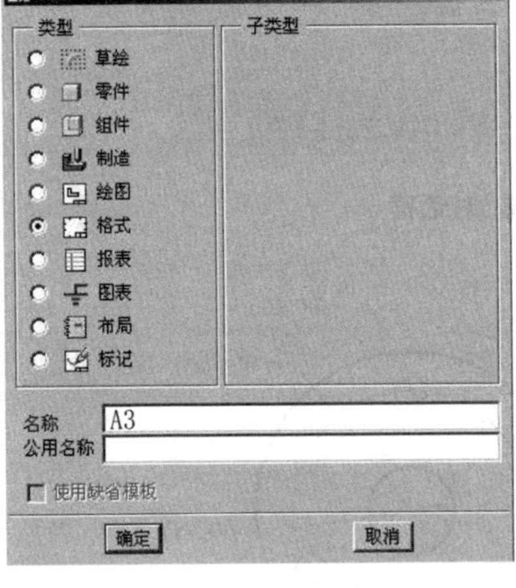

图 2-96　新建工程图格式文件图

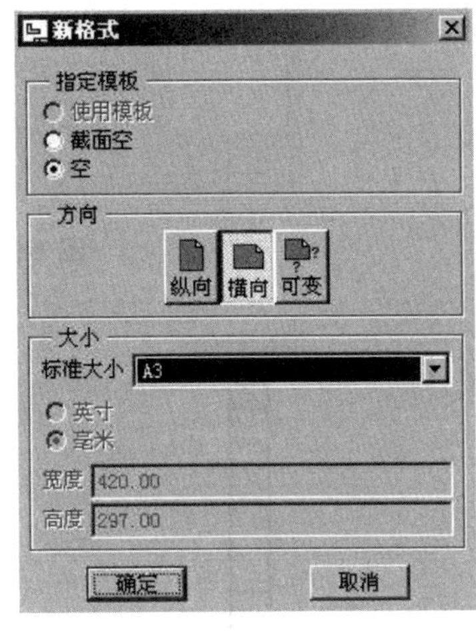

图 2-97　“新格式”对话框

(3)进入工程图格式文件后,使用“草绘”绘图命令,或者直接单击“特征”按钮,修改并绘制内、外边框以及标题栏等选项。

(4)修改工程图格式的设置文件。在菜单栏中单击“文件”下的“属性”命令,系统弹出“格式设置文件”对话框,该对话框与“工程图设置”对话框相似,修改及保存的方法相同,可以参考工程图设置方法进行参数设置。

2.8.7.3　视图的修改

使用缺省模式绘制出零件模型的三视图,如果需要对视图进行修改,可双击视图,弹出如图 2-98 所示的对话框进行图形显示的修改,如修改可见区域、比例、剖面和视图显示等。图 2-99 为圆盘的零件图,主视图选择“绘图视图”对话框中的剖面,设置剖切种类和剖切面的位置后,可采用剖视表达。Pro/ENGINEER 不但可以将三维模型转化为二维工程图,还可以进行尺寸标注,这方面的具体操作可以参考相关书籍。

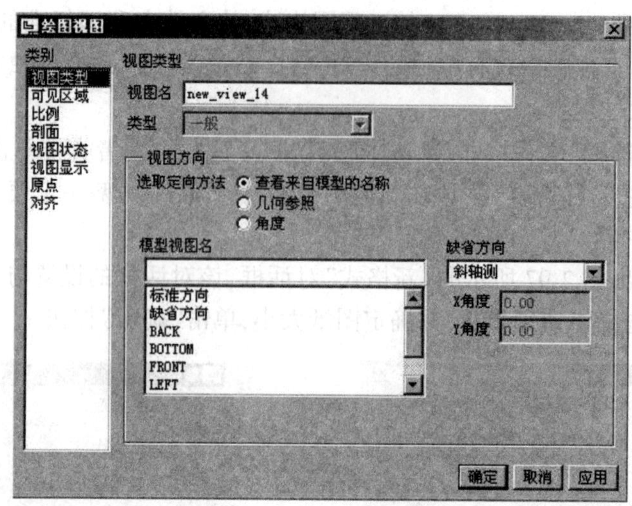

图 2-98 “绘图视图”对话框

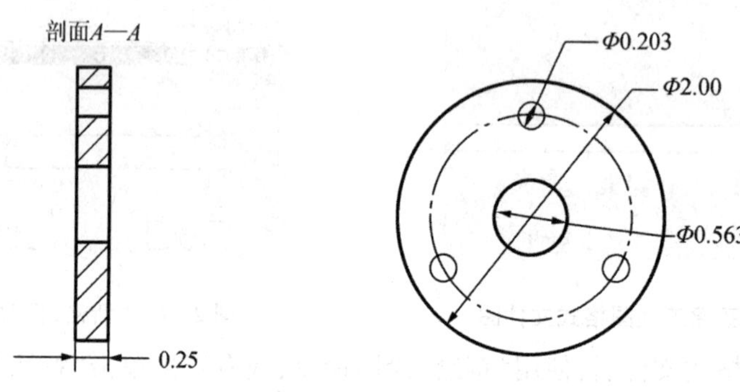

图 2-99 圆盘零件图

2.9 习题

1. 什么是几何造型？分析几何造型的方法及其特点。
2. 三维几何实体造型的方法有哪些？
3. 以回转体零件为例，说明特征建模的基本思想。
4. 举例说明如何创建 Pro/E 的基准特征。
5. 完整的装配模型包含哪些信息？
6. Pro/E 中的装配约束包含哪些？
7. 如何使用 Pro/E 创建装配动画？
8. 掌握 Pro/E 的特征创建命令，完成如图 2-100 所示零件三维模型的创建。
9. 掌握 Pro/E 的装配建模，将图 2-101 中的三个零件装配成如图 2-101 所示的装配体，并进行干涉检查及确定重心位置。
10. 掌握 Pro/E 的装配建模，将图 2-102 所示的零件装配成车轮组件，并制作装配动画。

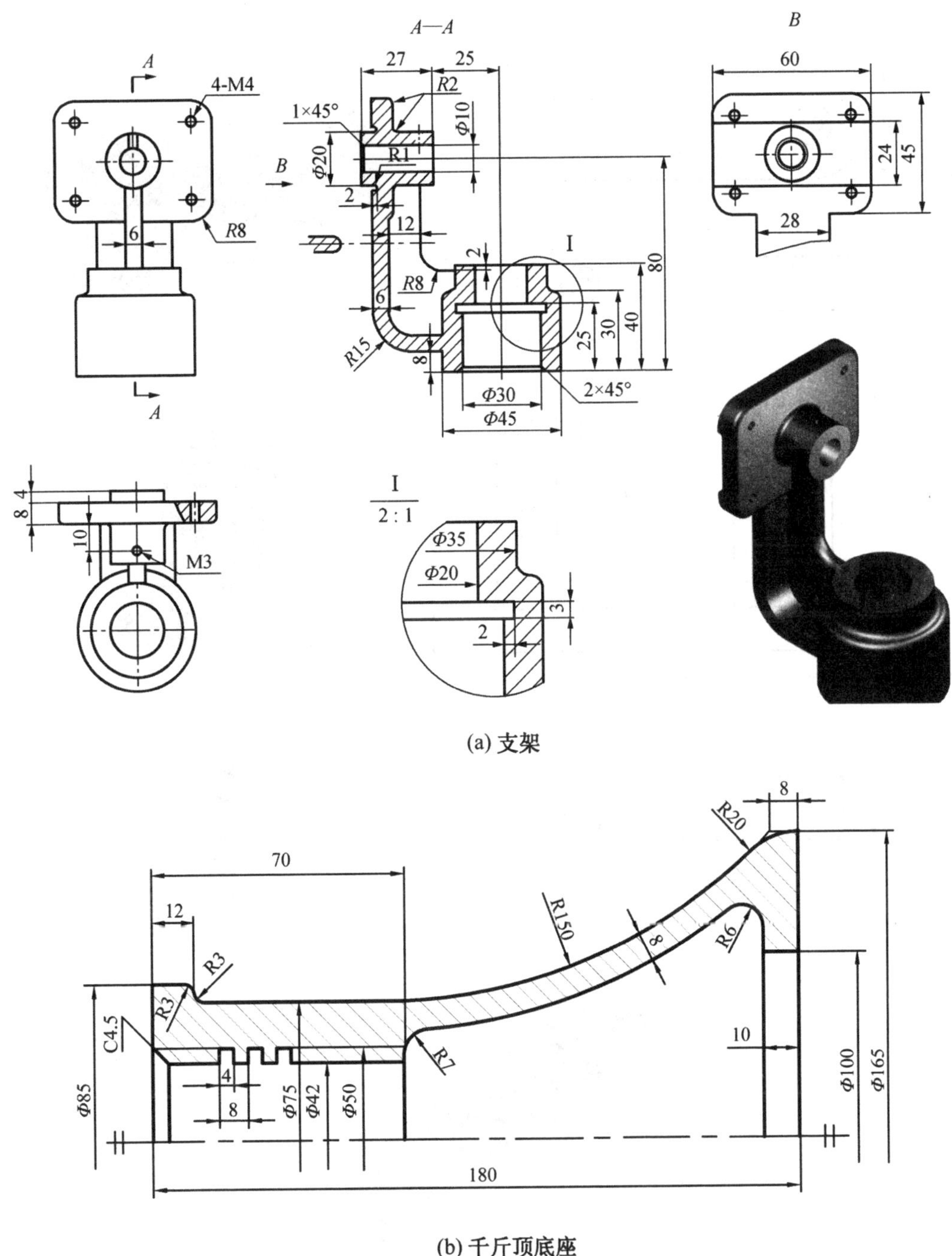

(a) 支架

(b) 千斤顶底座

图 2-100　创建零件模型

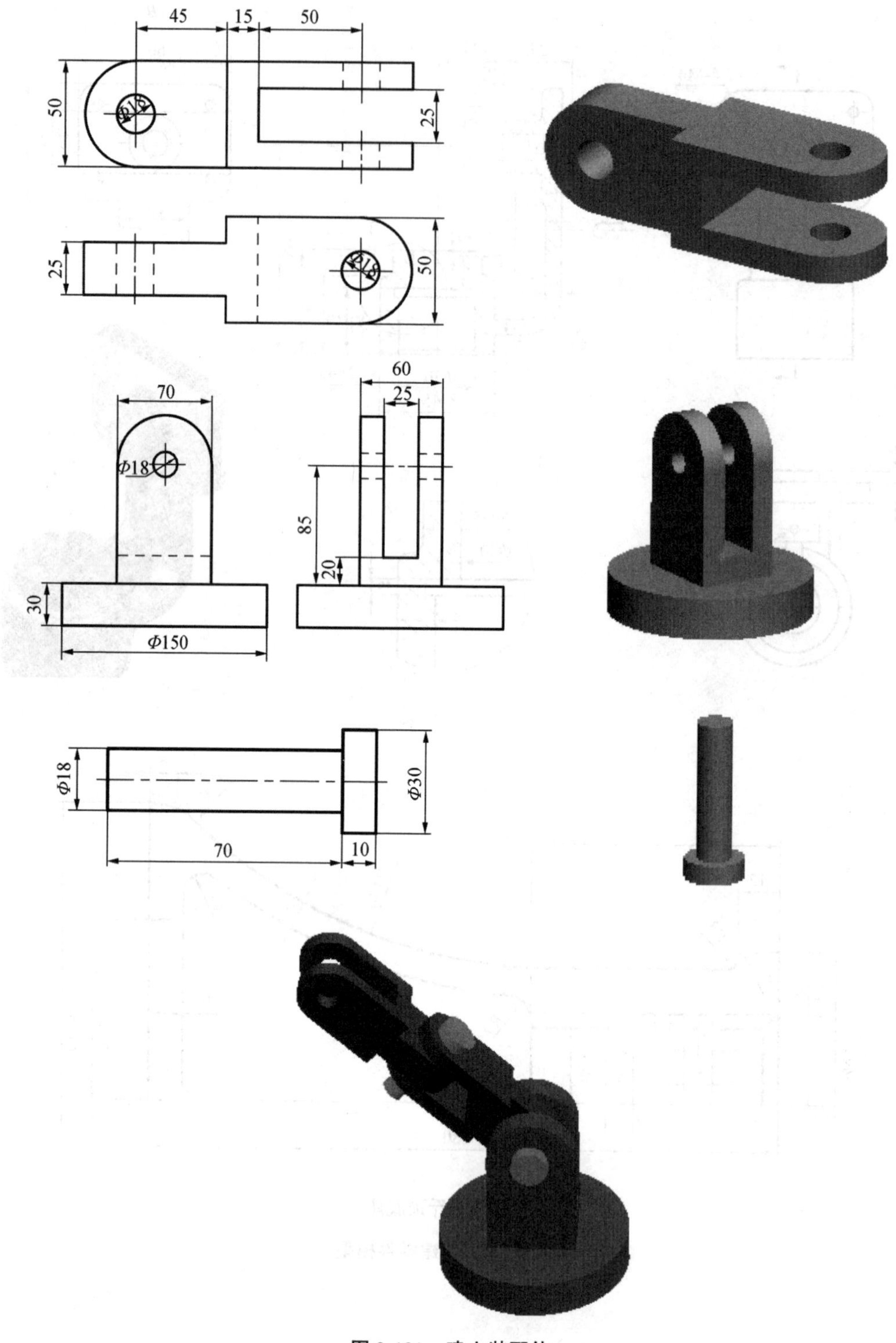

图 2-101　建立装配体

44
22°
Ø8
R10
2
A
R3
30
36
18
20
1
28
Ø14
Ø8
B
B-B
1:1
技术要求
1. 未注倒角C0.5
2
3
35
2
Ø6
Ø8
Ø16
技术要求
未注倒角C0.5
3
4
3
Ø14
Ø8
Ø14
Ø18
9
27
6
技术要求
. 未注倒角C0.5
4
28
R4
R2
6
Ø30
Ø14
C
Ø100
Ø70
5
1
4
5
3
2

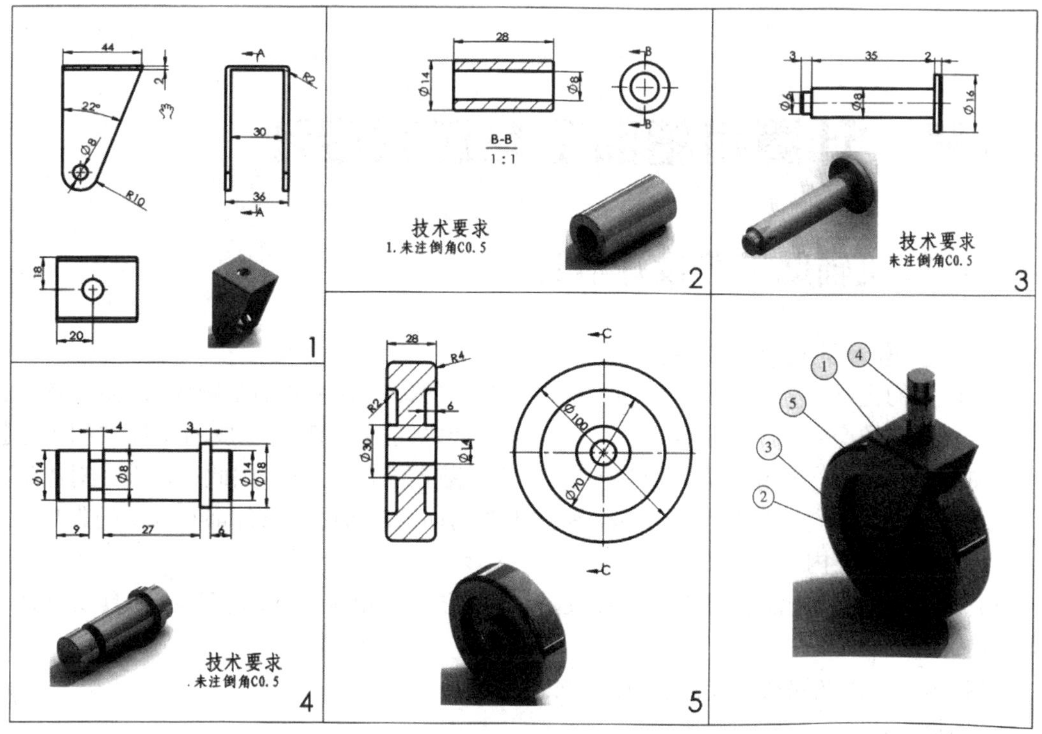

图 2-102　建立装配体

第3章 计算机辅助工艺过程设计

3.1 计算机辅助工艺设计概述

3.1.1 工艺设计的任务和内容

工艺设计的主要任务是为设计好的零件选择合理的加工方法和加工顺序,以便能按设计要求生产出合格的产品。工艺设计是产品设计与生产之间的纽带,它生成的文件和相关数据是产品加工、装配、生产管理和运行控制的依据,也是数控编程的基础,因此工艺设计对组织生产、保证产品质量、提高生产率、降低成本、缩短生产周期及改善劳动条件都有直接的影响。

工艺设计的主要内容有:

(1)分析零件图及产品装配图,为零件选择加工方法和相应的机床、刀具、夹具及其他工装设备;

(2)拟定加工工艺路线,合理安排加工顺序;

(3)选择毛坯;

(4)确定各工序的加工余量,计算工序尺寸及公差;

(5)确定切削用量及工时定额;

(6)确定各主要工序的技术要求及检验方法;

(7)编制包含上述内容的工艺文件。

其中,核心内容是选择加工方法和安排合理的加工顺序。常用的工艺文件有两种:加工工艺过程卡和加工工序卡,如图 3-1、图 3-2 所示。加工工序卡是对加工工艺过程卡的每一道工序制定的详细工序要求。在单件小批量生产中,通常不编制其他较详细的工艺文件,仅以加工工艺过程卡片指导生产。大批量生产的零件需要编制加工工序卡。

当前,机械产品市场以多品种、小批量生产为主导,传统的手工工艺设计方法内容繁杂,已不能适应现代制造业发展的要求,主要表现为:传统的手工工艺设计要求工艺人员具有丰富的生产经验,而依据生产经验制定的工艺规程一致性差,质量不稳定;手工编制工艺设计劳动强度大,效率低,存在大量的烦琐的重复性工作;设计周期长,不能适应市场瞬息多变的需求;不利于对工艺设计文件的统一管理和维护;不利于将工艺专家的经验和知识集中利用,继承性差。于是,计算机辅助工艺设计(CAPP)应运而生。

3.1.2 CAPP 的概念和发展概述

CAPP 是指依据零件的几何信息、工艺信息、加工条件、加工技术要求和工时定额等产品设计信息和资源条件,利用计算机的数值计算、逻辑判断和推理等功能输出经过优化的工艺路线、工序内容和管理信息等工艺文件。

CAPP 是工艺师在计算机辅助下将产品的设计信息与可能的加工信息进行匹配与优化,完成零件从毛坯到成品的设计和制造过程的技术,是连接 CAD 与 CAM 的桥梁。CAPP 系统能够从 CAD 模型中提取零件信息,进行工艺规划,生成有关工艺文件,并以工艺设计结果和零

机械加工工艺过程卡片			产品型号			零(部)件图号			共一页
			产品名称			零(部)件名称	阶梯轴		第一页
材料牌号	45#	毛坯种类 棒料	毛坯外形尺寸	Φ57×90	毛坯件数	1	每台件数 1	备注	
工序号	工序名称	工序内容	车间	工段	加工设备	工艺装备：夹具名称及型号	刀具名称及型号	量具与检测	工时(min)
10	车	夹毛坯外圆一端： ①车端面 ②钻中心孔 调头，夹毛坯外圆另一端： ③车另一端面 ④钻中心孔	1	1	CA6140	三爪卡盘	外圆车刀 中心钻	游标卡尺 0-150	7
20	车	以两端中心孔定位： ①车大外圆 ②倒角 调头，以两端中心孔定位： ③粗车小外圆(走刀三次) ④精车小外圆 ⑤车台阶面 ⑥切槽 ⑦倒角	1	1	CA6140	三爪卡盘	外圆车刀	游标卡尺 0-150	9
30	铣	①粗铣键槽 ②精铣键槽 ③去毛刺 ④终检	1	2	X62	铣床通用夹具	键槽铣刀	游标卡尺 0-150	6
					编制(日期)	审核(日期)	会签(日期)		
标记	处数	更改文件号	签字	日期					

图 3-1　机械加工工艺过程卡

******** 机 械 厂		数控加工工序卡		产品名称或代号		零件名称		零件图号
				*******		曲面轴		******
工艺序号		程序编号	夹具名称	夹具编号		使用设备		车间
********		P*****	三爪卡盘	******		数控设备		******
工序号	工序内容	加工面	刀具号	刀具规格	主轴转速/(r/min)	进给速度/(min/r)	背吃刀量/mm	备注
1	零件两端打B型中心孔		T0	中心钻B2.5	475	120		
2	粗车加工零件右端外形轨迹		T1	Kr=90°	475	120		粗车
3	粗车加工零件左端外形轨迹		T1		475	120		粗车
4	精车，研磨B型中心孔		T0	中心钻B2.5	475	60		
5	精车加工零件左端轨迹		T1 T2	Kr=90°	750	80	T=0.4	精车
6	精车加工零件右端轨迹		T1	Kr=90°	750	80	T=0.4	精车
7	车削加工零件右端螺纹		T3		750	80		

图 3-2　机械加工工序卡

件信息为依据，经过适当的后置处理，生成 NC 程序，从而实现 CAD/CAPP/CAM 的集成。

CAPP 的通用性研究与开发开始于 20 世纪 60 年代末，其标志是挪威推出世界上第一个 CAPP 系统——AUTOPROS，稍后正式推出商品化的 AUTOPROS 系统。经过几十年的发展，先后出现了不同类型的 CAPP 系统，主要有派生法、创成法和基于知识三种基本类型。派生法 CAPP 系统由于具有结构简单、系统容易建立、便于维护和使用、系统功能可靠、技术成熟等优点，所以目前应用较广泛，大多数实用型 CAPP 系统都属于这种类型。20 世纪 80 年代，专家系统等技术开始应用于 CAPP 系统的研究与开发，CAPP 专家系统是非常有前途的方法，但迄今为止，已得到实际验证和令人满意的系统还不多。

3.1.3 CAPP 系统的组成和工作过程

CAPP 系统的组成因其开发环境、产品对象及其规模的不同而不同，但其基本组成是相同的，一般包括如下几部分：

(1)人机交互控制模块

该模块是用户的工作平台，用来协调和控制各模块的运行，通过人机交互窗口，实现人机之间的信息交流。

(2)零件信息输入模块

零件信息是系统进行工艺设计的对象和依据，系统内部必须有对零件信息进行描述的专门数据结构，并建立相应的输入模块来完成零件信息的描述和输入。

输入零件信息是进行 CAPP 工作的第一步，零件信息包括几何信息和工艺信息。零件的几何信息是指零件的几何形状和尺寸，如表面形状、表面间的相互位置、尺寸及公差等；零件的工艺信息包括毛坯特征、零件材料、加工精度、表面粗糙度、热处理、表面处理等技术要求。此外，还有零件的件数、生产批量等生产管理信息。

(3)工艺过程设计模块

该模块主要进行加工工艺流程的选择和优化，生成工艺过程卡，供加工及生产管理部门使用。

(4)工序决策模块

该模块选定加工设备、定位安装方式、加工要求，生成工序卡。

(5)工步决策模块

该模块对工步内容进行设计，选择刀具轨迹、加工参数，确定加工质量要求，生成工步卡及提供形成 NC 指令所需的刀位文件。

(6)工艺文件管理与输出模块

该模块管理和维护系统内的工艺文件。输出部分包括工艺文件的格式化显示、存盘、打印等，有的系统还允许用户自定义输出格式。

(7)制造资源数据库：存放企业或车间的加工设备、工装工具等制造资源的相关信息。

(8)工艺知识数据库：用于存放产品制造工艺规则、工艺标准、工艺数据手册、工艺信息处理的相关算法和工具等。

(9)典型案例库：存放各零件族典型零件的工艺流程图、工序卡、工步卡、加工参数等数据，供系统参考使用。

(10)编辑工具库：存放工艺流程图、工序卡、工步卡等系统输入输出模板，以及手工查询工具和系统操作工具集等，用于有关信息输入、查询和工艺文件编辑。

(11)制造工艺数据库：存放由 CAPP 系统生成的产品制造工艺信息，供输出工艺文件、数控加工编程和生产管理与运行控制系统使用。

实际系统的设计开发可以根据具体要求和条件的不同，对其结构和组成进行相应的调整。图 3-3 所示是 CAPP 系统的工作过程与步骤，分为零件信息输入、毛坯信息生成、工艺路线和工序内容拟定、加工设备和工艺装备确定、工艺参数计算、工艺方案确定和工艺文件输出等阶段。

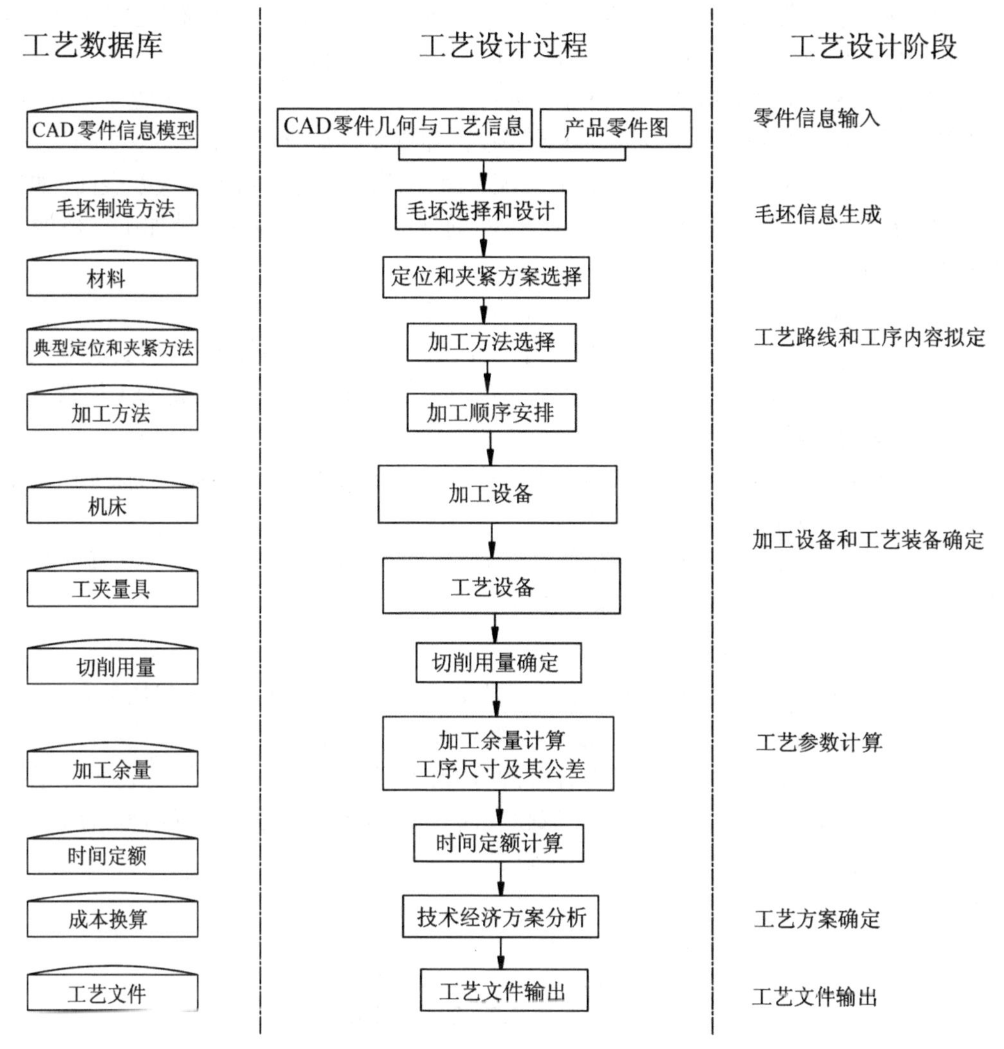

图 3-3　CAPP 系统的工作过程与步骤

3.2　CAPP 系统中的工艺设计及决策

工艺设计主要是对装配图和零件图进行工艺分析，考虑主要表面的质量要求、重要的技术要求、位置尺寸的精度要求等，在此基础上制定零件的加工工艺路线和进行工序设计。

在进行工艺路线制定时，首先要选择加工方法，其次要考虑加工阶段划分、基准的选择、加工顺序的原则、热处理工序的安排、其他辅助工序的安排等。在进行工序设计时，主要考虑机床、夹具、切削工具、量具的选择，加工余量的确定，工序尺寸的确定，切削用量（切削速度、进给量、切削深度）的确定，工时定额的确定。

3.2.1　加工方法和加工顺序的确定

加工方法和加工顺序是工艺设计的重要内容。选择加工方法时要考虑零件的表面形状和尺寸、表面的精度和粗糙度、工件的材料和热处理、产量和生产类型、生产条件等。加工顺序安排得是否合理,将直接影响到零件的加工质量、生产效率和加工成本。先确定主要表面的加工方法,再选择各次要表面的加工方法。安排加工顺序遵循下列原则:

(1)基面先行。工件的精基准表面应先进行加工,以便为后续工序加工提供精基准。当基准不统一时,应做基准转换,并按逐步提高精度的原则安排基准面加工。

(2)先主后次。即先加工主要表面(如装配表面、工作表面等),后加工次要表面(如键槽、紧固用的光孔或螺孔等)。次要表面加工量较少,通常安排在主要表面半精加工与精加工(或光整加工)之间。

(3)先粗后精。即粗加工→半精加工→精加工或光整加工。

(4)先面后孔。对于箱体、支架和连杆等工件,应先加工平面后加工孔,使安装方便、定位可靠;以平面定位加工孔,易保证平面与孔的精度及位置精度,并改善刀具初始工作条件。

3.2.2 基准的选择

定位基准是指在机械加工中用来确定工件位置的基准面,它的合理选择对保证加工精度、安排加工顺序和提高加工生产率有重要影响。

第一道工序只能以毛坯表面作为定位基准面,这种基准面称为粗基准。在以后的工序中用已加工过的表面定位,这种基准面称为精基准。

3.2.2.1 粗基准的选择原则

(1)保证不加工表面与加工表面的相互位置要求。当有些不加工表面与加工表面间有相互位置要求时,原则上一般选择不加工表面为粗基准。

(2)保证各加工表面的加工余量符合合理分配的原则,应选择重要加工表面为粗基准。如图 3-4 所示,选择导轨面为粗基准加工床腿底面,再以底面为基准加工导轨面,使加工余量均匀,并保证导轨面的组织均匀和耐磨性一致。

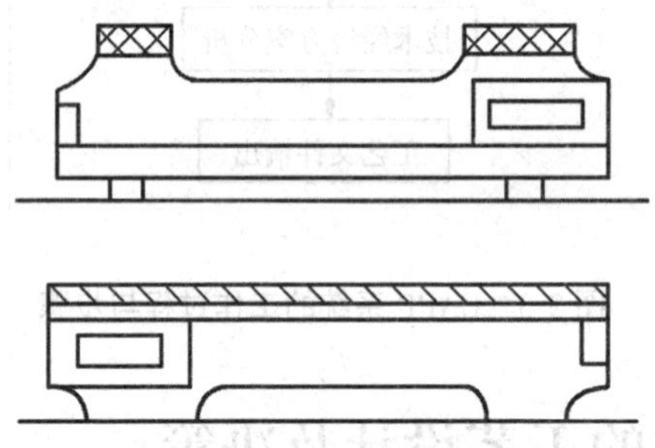

图 3-4 床身加工的粗基准选择

(3)为使工件定位稳定、夹紧可靠,要求所选用的粗基准尽可能平整、光洁,不允许有锻造飞边、铸造浇冒口切痕或其他缺陷,并有足够的支承面积。

(4)遵循粗基准不重复使用的原则。粗基准的精度低,粗糙度数值大,重复使用会造成较大的定位误差。

3.2.2.2 精基准的选择原则

(1)基准重合原则。尽可能使设计基准与定位基准重合,以减少定位误差。

(2)基准统一原则。尽可能使用同一定位基准加工各表面,以保证各表面间的位置精度。如轴类零件常用两端顶尖孔作为统一的定位基准。

(3)定位基准的选择,应便于工件的安装与加工,并使夹具结构简单。

(4) 互为基准原则。当两个加工表面间相互位置精度要求很高时,可运用互为基准的原则。加工如图 3-5 所示的精密齿轮,因齿面高频淬火后必须进行磨齿,为消除淬火后的变形和提高齿面、支承孔的位置精度,应以齿面为基准磨内孔,再以内孔为基准磨齿面,保证齿面磨削余量均匀。

(5) 自为基准原则。当要求加工余量小而均匀(如精加工或光整加工)时,可选择加工表面本身作为定位基准,即自为基准原则。图 3-6 为磨削叶片泵外圆柱表面,其定子内腔是特形曲面,不宜做定位基面,当磨削定子外圆柱面时,将工件 4 套在心轴 1 上,以待加工的外圆柱面作为定位基准、夹具上的定位套 2 为定心,用定位销 3 做周向定位,然后用开口压板 5 及螺母 6 夹紧工件,再取下定位套,工件即可连同心轴一起装在磨床上完成外圆磨削。

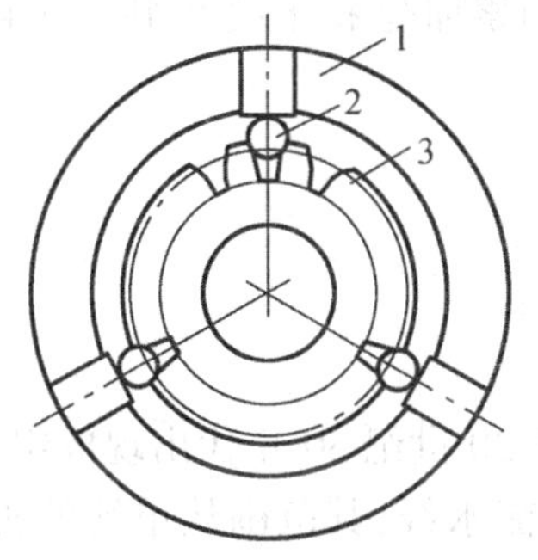

图 3-5　精密齿轮表面定位

1—卡盘;2—滚柱;3—齿轮

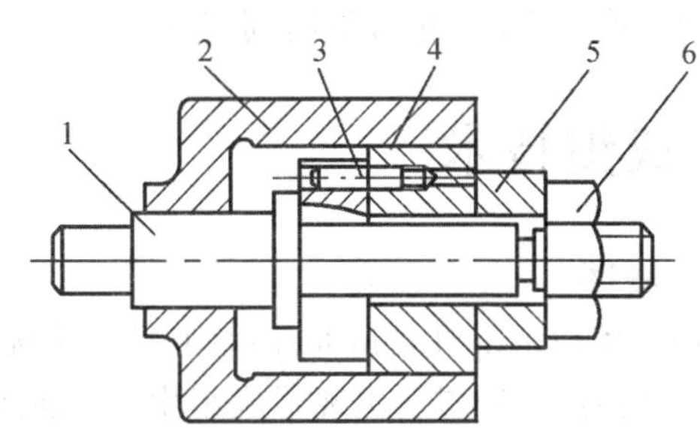

图 3-6　自为基准磨削定子外圆

1—心轴;2—定位套;3—定位销;4—工件;5—开口压板;6—螺母

3.2.3　机床设备及工艺装备的选择

一般工艺数据库都会预先建立机床数据库和工装数据库,将数据库提供的机床和工装与所选择的加工方法信息进行比较,可以选择合适的机床。通常选择机床设备的基本原则为:

(1) 机床的精度应与工序要求的精度相适应。

(2) 机床的规格应与零件的外形尺寸相适应。

(3) 机床的生产率应与零件要求的生产纲领相适应。当大批量生产时,根据零件相关工序的加工要求和批量等,设计专用机床及专用夹具。

工艺装备包括夹具、刀具和量具等,应根据零件的生产类型和加工精度等进行选择。

3.2.4　确定各工序的加工余量、工序尺寸和公差

工艺路线拟订以后,应确定每道工序的加工余量、工序尺寸及其公差。

工序尺寸是工件加工过程中各个工序应保证的加工尺寸,工序尺寸允许的变动范围就是工序尺寸公差。工序尺寸的确定与工序的加工余量有密切关系。

零件图上的尺寸和公差就是最终工序的尺寸和公差。可以用"倒推"的办法,将此尺寸加上此工序的余量,求得上一工序的工序尺寸。

各种加工方法需要的加工余量值可参阅有关的《机械制造工艺设计手册》。

工序尺寸的公差可按该工序的加工方法所能达到的精度查标准公差数值表来确定。

3.2.5　切削用量的选择

机床加工的切削用量包括切削速度(或主轴转速 n)、切削深度和进给量。合理选择切削用量的原则是:粗加工时,以提高劳动生产率为主,选用较大的切削量;半精加工和精加工时,

选用较小的切削量,以保证工件的加工质量。

3.2.6 时间定额的计算

时间定额是完成一个工序所需的时间。根据时间定额可以安排生产作业计划,进行成本核算,确定设备数量和人员编制,规划生产面积。因此时间定额是工艺规程中的重要组成部分。

时间定额由基本时间(T_j)、辅助时间(T_f)、布置工作地时间(T_w)、休息和生理需要时间(T_x)及准备与终结时间(T_z)组成。对于单件小批量生产来说,大多采用经验估工法和类推比较法估算。对于批量较大的定型产品,可采用统计分析实际测定加工时间等办法,也可采用技术测定法。例如,已知某一工步中的走刀长度、走刀量和工件转速时,就可计算出车削这段外圆表面所需的机动时间。把各工步、各工序所需的机动时间累加起来,再考虑到一些必要的辅助性时间,便可得出较精确的时间定额。

3.3 成组技术

3.3.1 概述

成组技术(Group Technology)是 CAPP 系统的基础。从 20 世纪 50 年代出现成组加工,到 60 年代发展为成组工艺,出现了成组生产单元和成组加工流水线,其范围从单纯的机械加工扩展到整个产品的制造过程。70 年代以后,成组工艺与计算机技术和数控技术结合,以成组技术为基础的柔性制造系统被运用到产品设计、制造工艺、生产管理等诸多领域,形成了有成组技术特性的 CAD/CAPP/CAM 计算机集成制造系统。

成组技术的理论基础是相似性,核心是成组工艺。成组工艺与计算机技术、数控技术、相似论、方法论、系统论等相结合,就形成了成组技术。

成组工艺是把尺寸、形状、工艺相近的零件组成一个个零件族,按零件族制定工艺进行生产,这样就扩大了批量,减少了品种,便于采用高效率的生产方式,从而提高了劳动生产率,为多品种、小批量的产品生产开辟了一条经济性好、效益高的新途径。

零件在几何形状、尺寸、功能要素、精度、材料等方面的相似性称为基本相似性。以基本相似性为基础,在制造、装配的生产、经营、管理等方面所导出的相似性,称为二次相似性或派生相似性。因此,二次相似性是基本相似性的发展,具有重要的理论意义和实用价值。

零件的相似性是实现成组工艺的基本条件。成组技术揭示和利用了基本相似性和二次相似性,使企业得到统一的数据和信息,获得经济效益,为建立集成信息系统打下基础。

3.3.2 成组技术的零件分类编码系统

成组技术的关键是按照一定的规则进行分类编码,实现产品的数字化表示。零件分类编码系统,就是用数字、字母或符号,将机械零件图上的各种特征进行描述和标识的一套特定的法则和规定。这些特征包括零件的几何形状、加工形式(如回转面加工、平面加工、轮齿加工)、尺寸、精度和热处理等。通常,分类编码系统只使用数字,在成组技术实际应用中,有三种基本编码结构。

(1)层次结构。在层次结构中,每一个后级符号的意义取决于前级符号的值。这种结构称为单码结构或树状结构。由层次代码组成的层次结构具有相对密实性,能以有限个位数传递大量有关零件信息。

(2)链式结构。在链式结构中,那些有序符号的意义是固定的,与前级符号无关,这种结构亦称为多码结构。相对于其他结构它要复杂些,可以方便地处理具有特殊属性的零件,有助于识别具有工艺相似要求的零件。

(3)混合结构。大多数商业零件编码系统是由上述两种编码系统组合而成的,形成混合结构。混合结构兼具单码结构和多码结构的优点。典型的混合结构由一些较小的多码结构构成,这些结构链中的数字是独立的。混合结构能很好地满足设计和制造的需要。

从 20 世纪 50 年代出现成组加工,零件分类编码系统的开发和研究受到许多国家和企业的重视,经过几十年的发展,目前,国内外已有 100 多种编码系统在企业中使用,下面介绍其中应用较广泛的 Opitz 系统和我国开发的 JLBM-1 系统。

(1)Opitz 系统

德国的 Opitz 系统是业界最著名的系统,在成组技术领域起着开创性作用,世界上许多编码系统都是在 Opitz 系统的基础上发展起来的。

Opitz 编码系统使用下列数字序列:

1 2 3 4 5　6 7 8 9　A B C D

在该方法采用的前 9 个码位中,1~5 位用于描述零件的形状,称为形状代码,其中第 1 位码为零件类别码,分为回转体和非回转体;2~5 位是对形状的细分;6~9 位用于描述零件的尺寸、材料、毛坯和精度,称为辅助代码。最后 4 位 ABCD 用于识别生产操作类型和顺序,称为增补代码。编码的作用是使零件的各有关特征字符化、明朗化,为成组技术的相似性分析和处理提供必要条件。其基本结构如图 3-7 所示:

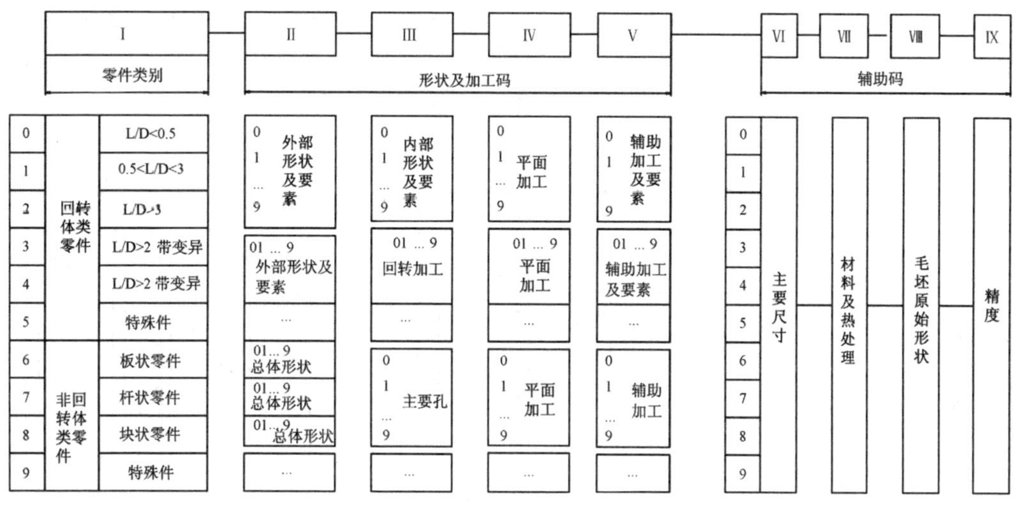

图 3-7　Opitz 系统的基本结构

对图 3-8 所示的法兰盘进行 Opitz 编码。该零件属于回转体,且 $L/D=80/240=1/3<0.5$,因此第 1 位为 0;其外部形状为单向台阶,无形状要素,第 2 位为 1;其内部形状属于光滑或单向台阶带功能槽,第 3 位为 3;平面加工为外平面,第 4 位为 1;有分布要求的轴向孔,第 5 位为 2;$D=240$ mm,$160<D<250$,第 6 位为 4;材料为 45 钢,第 7 位为 2;毛坯为锻件,第 8 位为 7;内外圆与平面均有精度要求,第 9 位为 9。最终该法兰盘的 Opitz 编码为 013124279。

Opitz 编码系统具有以下特点:

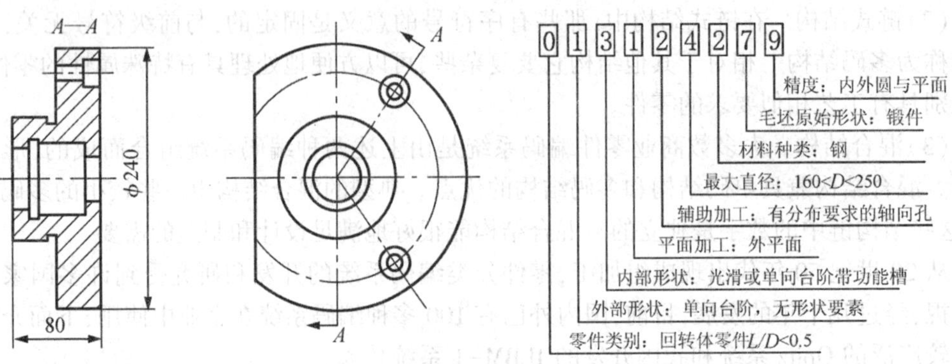

图 3-8　法兰盘的 Opitz 编码

①系统结构简单，便于记忆和手工分类。

②系统的分类标志虽然形式上偏重零件结构特征，但实际上隐含着工艺信息。例如，零件的尺寸标志，既反映零件在结构上的大小，同时也反映零件在加工中所用的机床和工艺设备的规格大小。

③虽然系统考虑了精度标志，但只用 1 位码来表示是不充分的。

④系统的分类标志尚欠严密和准确。

⑤系统总体结构尚属简单，但局部结构仍很复杂。

(2)JLBM-1 系统

JLBM-1 系统吸取了 Opitz 系统的优点，是根据我国机械产品的情况而研制的系统。其系统结构和 Opitz 系统基本相似，但克服了 Opitz 系统分类不全的缺点。JLBM-1 系统总体上要比 Opitz 系统简单，更容易使用。它是一个十进制 15 位代码的混合结构分类编码系统，包含零件名称、类别码、形状、加工码和辅助码，其基本结构如图 3-9 所示。

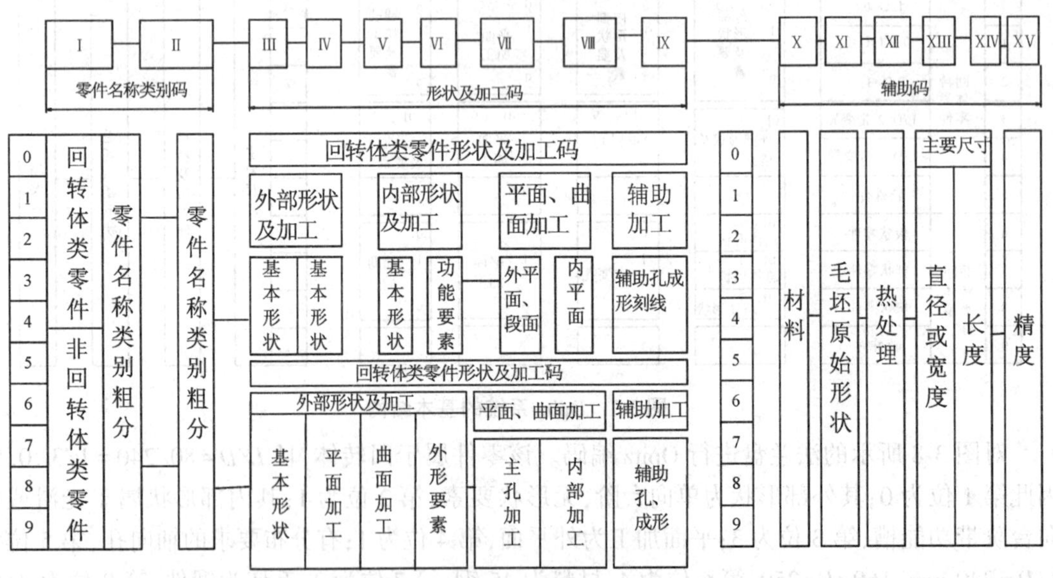

图 3-9　JLBM-1 系统的基本结构

同样对图 3-8 中的法兰盘进行编码，该法兰盘的 JLBM-1 编码为 021051101260513，码位的含义如表 3-1 所示。

表 3-1　法兰盘的 JLBM-1 编码

15 位码	Ⅰ	Ⅱ	Ⅲ	Ⅳ	Ⅴ	Ⅵ	Ⅶ	Ⅷ	Ⅸ	Ⅹ	Ⅺ	Ⅻ	XIII	XIV	XV
数值	0	2	1	0	5	1	1	0	1	2	6	0	5	1	3
具体含义	名称类别粗分 回转类	名称类别细分 法兰盘	外部基本形状 单向台阶	外部功能要素 无	内部基本形状 双向台阶通孔	内部功能要素 有环槽	外平面端面 单一平面	内平面 无	非同轴线孔 均布轴向孔	材料 普通钢	毛坯原始形状 无	热处理 无	主要尺寸直径 160~400	主要尺寸长度 50~120	精度 内外圆与平面

3.3.3　零件的成组方法

按编码系统将零件编码后进行分组，即采用不同的相似性标准，将零件划分为具有不同属性的零件族，每一个零件族都是一个具有某些共同属性的零件组合。常用的零件分组方法有：视检法、生产流程分析法和编码分类法。

3.3.3.1　视检法

视检法是由有经验的人员通过仔细阅读零件图样，把具有某些特征的一些零件归结为一类，它的效果取决于个人的经验，常常有带主观性和片面性。

3.3.3.2　生产流程分析法

生产流程分析法是以零件生产流程为依据，通过对零件生产流程的分析，把工艺流程相似的零件归为一类。主要根据零件的加工方法和所用的加工设备来分组，而不是依据零件图样的代号。

3.3.3.3　编码分类法

编码分类法亦称相似特征分类法，它是根据零件特征，用字符（数字、字母或符号）对零件各有关特征进行描述和标识的一套特定的规则和依据。在分类前，需将待分类零件的设计信息、制造信息和管理信息等转译成代码。编码分组法又分为特征数据法和特征矩阵法。

（1）特征数据法：从零件代码中选择几位与加工特征直接有关的码位作为形成零件分组的依据，而忽略那些影响不大的码位。

（2）特征矩阵法：为了较好地确定分组依据，首先对零件的结构特征信息分布情况进行统计分析，在此基础上制定出分组的标准，即建立若干个特征矩阵，对零件进行分组。

采用特征矩阵法对零件进行分组的原理如下：每一个零件的编码均可以用矩阵来表示，例如，代码为 130213411 的零件可以用图 3-10 所示的矩阵来表示；用一个矩阵也可以表示一个零件组的特征矩阵，如图 3-11 所示。分组时，将零件代码与特征矩阵进行比较，如果与零件代码各位的数值对应的矩阵位置上都是 1，就认为该零件与此矩阵相匹配，该零件就分入这个组;如果和零件代码各位的数值对应的矩阵位置上有一位不是1,而是0,则认为该零件与此矩阵不匹配,该零件就不能分入这个组。

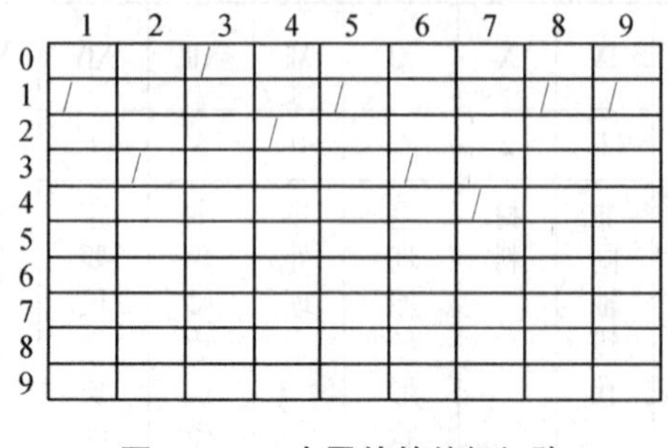

图 3-10 一个零件的特征矩阵

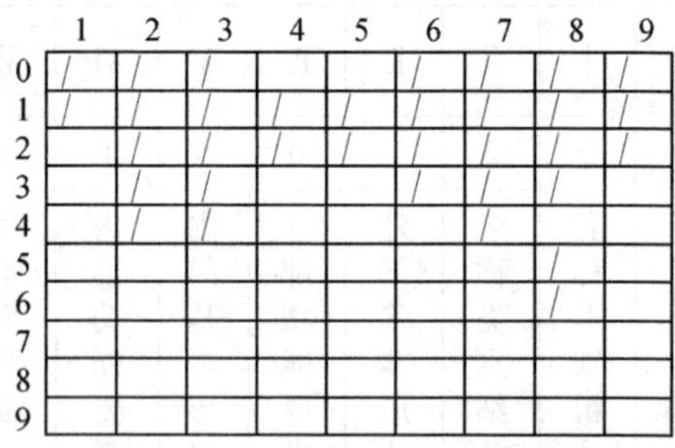

图 3-11 一个零件组的特征矩阵

3.4 派生法 CAPP 系统

3.4.1 派生法 CAPP 系统的特点和工作原理

派生法 CAPP 系统也叫变异法 CAPP 系统、修订法 CAPP 系统。在派生法 CAPP 系统中,零件图样按成组技术中的分类编码系统进行编码,用数字代码表示零件图样上的信息。

派生法 CAPP 系统的特点如下:

(1)以成组技术为基础,理论上比较成熟;

(2)应用范围比较广泛,有较好的实用性;

(3)适用于结构比较简单的零件,尤其是回转类零件;

(4)继承企业较成熟的传统工艺,但系统柔性度较差;

(5)对于相似性较差的复杂零件,难以用编码描述。

派生法 CAPP 系统的工作原理是成组技术中的相似性原理。如果零件的结构形状相似,则它们的工艺规程也有相似性,即相似零件有相似的工艺规程。对于每一个相似零件组,可以采用一个公共的制造方法来加工,这种公共的制造方法以标准工艺的形式出现,它可以集专家、工艺人员的集体智慧和经验及生产实践的总结制订出来,然后存储在计算机中。当为一个新零件设计工艺规程时,从计算机中检索标准工艺文件,然后经过一定的编辑和修改就可以得到该零件的工艺规程。其工作原理如图 3-12 所示。

3.4.2 派生法 CAPP 系统的开发设计过程

该系统是建立在成组原理的基础上的,用 GT 码描述输入零件信息。每个零件族或主样件有一个通用的制造过程,即主样件的标准工艺规程。系统通过划分零件组对零件进行分类编码,确定零件所在的组后,调用其标准工艺规程。派生法系统还需要存储零件族矩阵信息文件以及主样件的标准工艺规程文件和各种加工工程数据文件,如切削用量、设备、刀具、量具、辅具等资料,供新零件检索调用。在工艺设计时,系统会根据所设计零件的 GT 码搜索到该零件所属的零件族矩阵或主样件,并检索到其对应的标准工艺规程;再根据系统预先制定的筛选逻辑,从标准工艺规程中筛选派生出所要设计零件的工艺规程;对工艺规程文件进行必要的补充,最后得到当前零件的工艺过程。以下是此系统的开发设计过程。

(1)选择零件分类编码系统。根据零件产品的特点选择或制定合适的零件分类编码系统

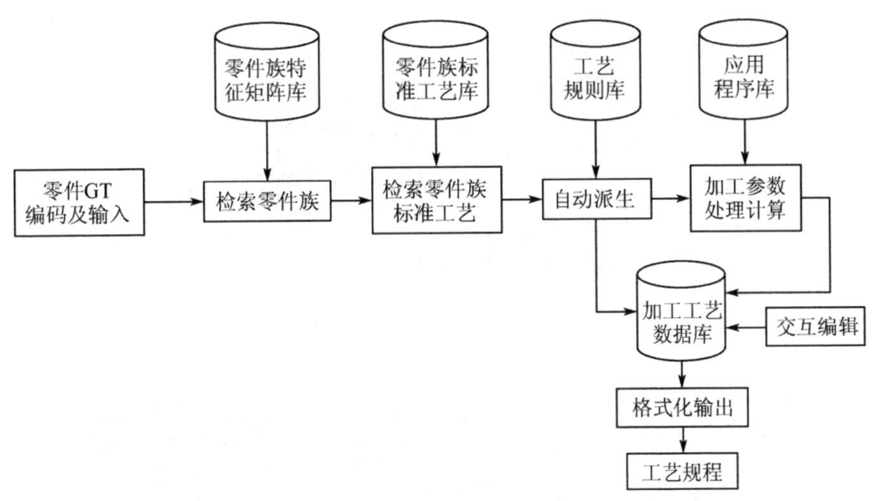

图 3-12 派生法 CAPP 系统工作原理

(GT 码)。可以根据具体情况选用通用的分类系统,如 JCBM、JLBM、KK 系统等,也可选用适合于本部门产品特点的专用分类系统。

(2)零件分组。为了合理选定主样件,必须对零件分组。一般常用的分组方法有检视法、生产流程分析法和编码分组法。其中编码分组法是应用较为广泛的一种方法。编码分组法又分为特征数据法和特征矩阵法。

(3)主样件的设计。主样件是一个零件组的抽象,它是一个复合零件,是将组内零件的所有特征进行合理组合而成的假想零件,图 3-13 所示为复合零件示例。设计主样件的目的是制订标准工艺规程,以便对标准工艺检索。

(4)标准工艺规程的制定。标准工艺规程应能满足该零件组所有零件的加工要求,并能反映工厂实际工艺水平,尽可能是合理可行的。设计时,要对零件组内各零件的工艺进行仔细分析、概括和总结,每一个形状要素都要考虑在内。

(5)建立工步代码文件。标准工艺规程是由各种加工工序组成的,一个工序又可以分为多个操作工步,所以操作工步是标准工艺规程中最基本的组成要素。标准工艺规程如何存储在计算机中,怎样随时调用,又怎样进行筛选,主要依靠工步代码文件来控制。

(6)建立切削数据文件。CAPP 系统所采用的加工方法各种各样,而所有的加工方法都必须有切削数据(进给量、切削速度、切削深度),为此必须建立大量的切削数据文件。

(7)设计各种功能子程序。由于 CAPP 系统要应用各种计算方法,为此需预先将各种计算公式和求解方法编成各种功能子程序,在系统运行过程中,如需要应用某种计算方法,就可随时调用。

(8)CAPP 系统总程序设计。用一个主程序和界面把所有子程序连接起来,每一个单元功能可以采用模块结构形式,可以单独调试和修改,再把各个功能模块组合起来,就构成 CAPP 系统的总程序。

综上所述,CAPP 系统开发是一项劳动量很大的工作过程。而且 CAPP 系统很难像 CAD 绘图系统那样做成通用的软件,特别是基于 GT 的派生法 CAPP 系统,由于建立在已有零件及其工艺规程之上,所以其适用范围很窄。

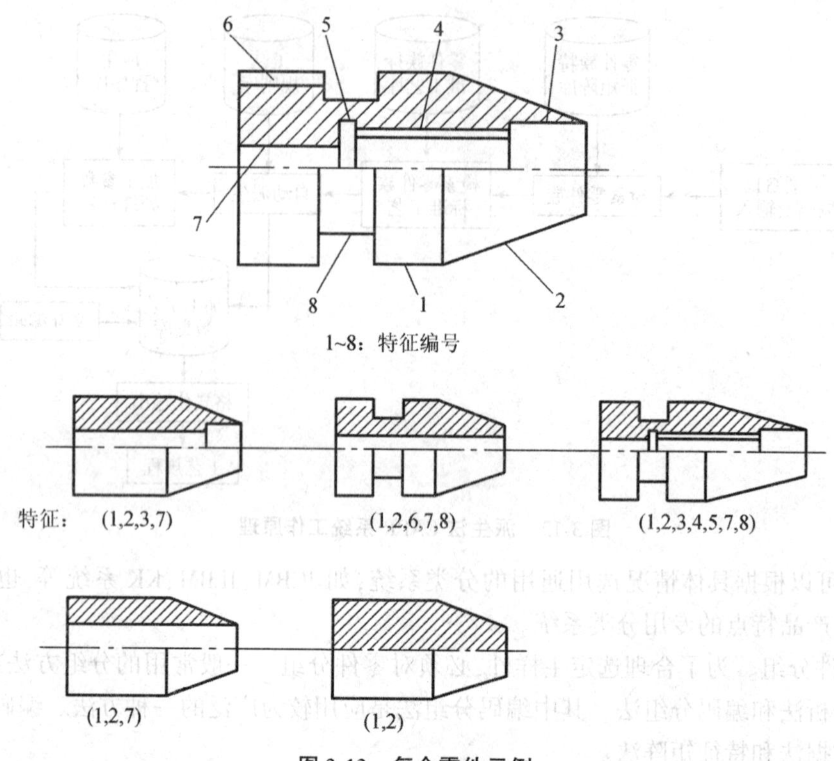

图 3-13　复合零件示例

3.5　创成法 CAPP 系统

3.5.1　创成法 CAPP 系统的特点和工作原理

创成法 CAPP 又称为生成法 CAPP。它不像派生法 CAPP 系统，不必有样本工艺文件。新零件工艺规程的产生是模拟工艺设计人员的决策过程。创成法 CAPP 系统能很方便地设计出新零件的工艺过程，有很大的柔性，还可以和 CAD 系统以及自动化的加工系统相连接，实现 CAD/CAM 的一体化。

实现完全创成法的 CAPP 系统，必须解决下列 3 个关键问题：

(1)对零件信息进行完全准确的描述。零件的信息必须要用计算机能识别的形式完全准确地描述。目前零件信息描述有 5 种常用方法，分别是柔性编码法、型面描述法、体元素描述法、特征描述法和从 CAD 系统的数据库中直接获得零件信息。

(2)收集大量的工艺设计知识和工艺规程决策逻辑以建立工艺知识库，并以计算机能识别的方式存储。

(3)工艺规程的设计逻辑和零件信息的描述必须收集在统一的工艺知识数据库中。

由于对零件图上的各种信息进行完全准确的描述还存在困难，针对工艺经验知识建立有效的工艺决策模型还有待进一步解决，尚没有完备的工艺过程优化理论和数学模型，因此，要完全做到以上三点还有一定困难。

至今，创成法 CAPP 系统的定义还是一个不太完整的概念，即只要带有工艺决策逻辑的系统常被称为创成法 CAPP 系统。由于目前还不能完全实现创成法 CAPP 系统，所以将派生法和创成法互相结合,综合采用两种方法的优点,这种系统就成为半创成法CAPP系统。现在世界各国研制出的创成法CAPP系统,实际上都属于这种类型。

创成法CAPP依靠系统中的决策逻辑生成工艺规程。其收集大量的工艺数据和加工知识,并以此规程为基础,在计算机软件基础上建立一系列的决策逻辑,形成了工艺数据库和加工知识库。在输入新零件的有关信息后,系统可以模仿工艺人员,应用各种工艺决策逻辑规则,在没有人工干预的条件下,自动生成零件的工艺规程,其工作原理如图3-14所示。创成法CAPP的基本思路是:一个零件由若干个待加工的型面特征组成,每个型面特征及其属性(形状、尺寸和精度)在很大程度上决定了它的加工工艺方法。零件加工过程的创成是指:首先将零件离散化为许多单个的制造特征,这些离散化的制造特征是没有顺序的;然后对每一个制造特征根据其加工约束和设计要求,匹配一组相应的加工方法,即加工方法链;综合零件各特征的加工方法链,按照待加工特征的优先顺序和工艺设计原则,使用工艺逻辑推理将其排序并组合为工序和工步,形成零件有序的加工过程,最终得到零件的加工工艺。其中加工工艺链体现了工艺过程生成的逆向推理过程,也反映了工艺人员长期积累的实际经验。因此,工艺逻辑推理和加工方法链的确定是创成式CAPP的核心。创成法CAPP系统的工作步骤可归纳为:

(1)通过某种逻辑判断工具或规则,逐步确定每一型面的加工方法,再按照逆向推理过程递推中间的工艺加工方法,形成该特征的加工方法链;

(2)将所分析零件中各个型面特征相同工艺方法,纳入同一工序,并按照工艺设计的原则和待加工特征的优先顺序进行工序的排序,形成工艺路线;

(3)对每一工序中的工步进行详细设计,包括刀工具选择、切削数据选择、计算工时定额和加工费用等,最后输出工艺规程。

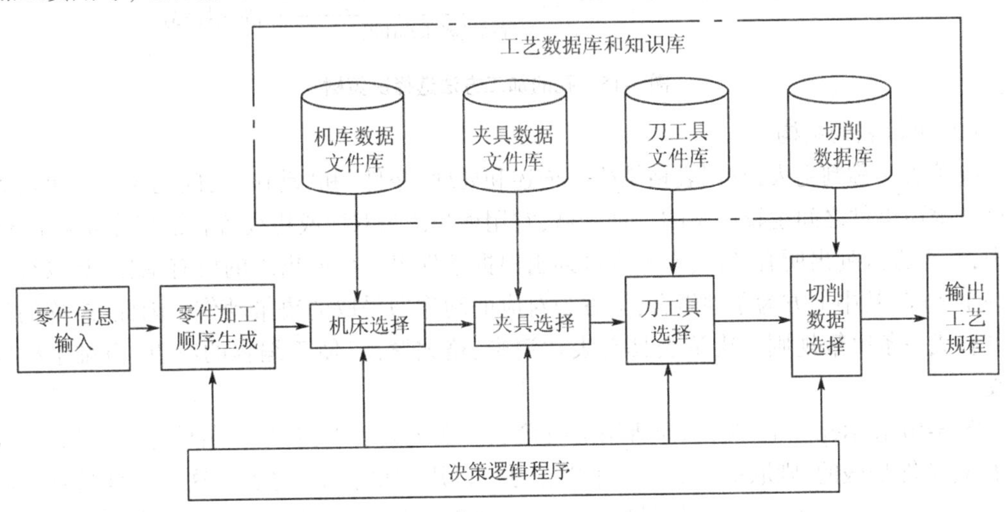

图3-14　创成法CAPP系统工作原理

3.5.2　创成法CAPP系统的工艺决策技术

3.5.2.1　创成法CAPP系统的工艺决策逻辑

创成法CAPP系统的研制涉及选择、计算、规划、绘图以及文字编辑工作等,是一个十分复杂的工作,而建立工艺决策逻辑规则是其核心问题。

建立工艺决策逻辑一般应根据工艺设计的基本原理、工厂生产实践的总结和对具体生产条件的分析研究,并集中有关专家、工艺人员的智慧以及工艺设计中常用的原则,如各表面加工方法的选择,粗、细、精、超精加工阶段的划分,装夹方法的选择,机床、刀具类型规格的选择,切削用量的选择等,建立起相应的工艺设计逻辑。

现在有很多种工艺逻辑用于创成法 CAPP 系统中,其中常用的逻辑推理决策有决策树和决策表两种形式,但其原理是相同的,只是表现形式不同。可视其适用场合选择,并可互相转换。

(1)决策树的原理和结构

决策树又称判定树,它是用树状结构来描述和处理"条件"和"动作"之间的关系的方法。决策树是一种由结点和分支(边)构成的图。

结点有根结点、中间结点和终结点之分,它表示一次测试或一个动作,最后拟采取的动作一般放在终结点上。分支(边)连接两次测试和动作。由根结点到终结点的一条路径表示一条决策规则。

图 3-15 表示了孔的加工方法选择所用的决策树,其中孔的加工方法选择要考虑孔径、位置度和孔径公差等问题,所选用的加工方法各有不同,比较复杂。

决策树具有直观、易于建立、扩展和维护,以及便于编程等特点,很适合于工艺规程设计。

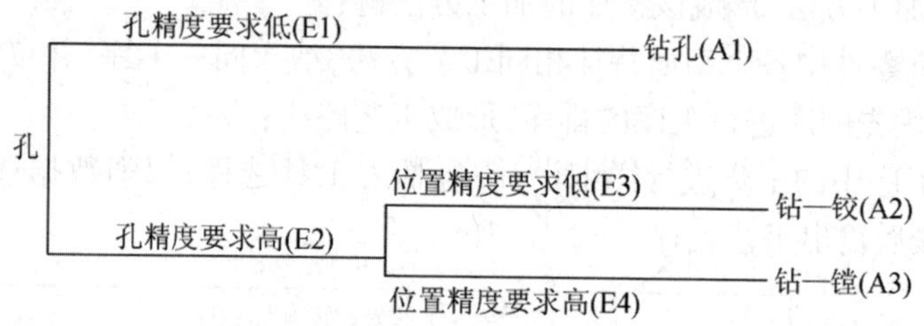

图 3-15 孔的加工方法选择决策树

(2)决策表的结构

决策表又称判定表,它用表格结构来描述和处理"条件"和"动作"之间的关系。决策表是用符号描述事件之间逻辑关系的一种表格,它用横竖两条双线或粗线将表格划分成 4 个区域。其中,左上方区列出所有条件;左下方区列出根据条件组合可能出现的所有动作;竖双线右侧为一个矩阵,其中上方为条件组合,下方为对应的动作即采取的决策动作。因此,矩阵的每一列可看成一条决策规则。决策表具有表达清晰、格式紧凑、便于编程的特点,但难于扩展和修改。

图 3-16 表示孔加工方法选择所用的决策表。在决策表中,若某一条件是真实的,则取值为 T;若条件是假的,则取值为 F。条件状态也可以用空格表示,它表示这一条件是真是假与该规则无关。条件项目也可以用具体数值或数值范围表示。决策动作可以是无序的,用 X 表示,也可以是有序的决策行动,并给以一定序号。

3.5.2.2 创成法 CAPP 系统的编程原理

在创成法 CAPP 系统中,工艺规程设计有两种方法,一种方法是从零件毛坯开始进行分析,选择一定的加工方法和顺序,直到能加工出符合最终目标要求的零件形状,这种方法称为正向编程;另一种方法是从零件最终几何形状和技术条件开始分析,反向选择合适的加工工序,直到零件恢复成无须加工的毛坯,这种方法称为逆向编程。

本身精度要求低	T		
本身精度要求高		T	T
位置精度要求低		T	
位置精度要求高			T
钻 孔	X	1	1
铰 孔		2	
镗 孔			2

图 3-16 孔的加工方法选择决策表

采用逆向编程,很容易满足最终目标的要求,而且其加工过程的中间状态也容易确定,即从已知要求出发选择预加工方法比较容易保证加工质量。另外,逆向编程还便于确定零件在加工过程中的工序尺寸和公差以及自动绘制工序图。所以,已开发的创成法 CAPP 系统一般采用逆向编程原理。

3.6 CAPP 专家系统

CAPP 专家系统与一般的 CAPP 系统的工作原理不同,结构上也有很大差别。一般的 CAPP 系统在结构上主要由两个部分组成,即零件信息输入模块和工艺规程生成模块。其中工艺规程生成模块包括工艺设计知识和决策方法,而且这些知识都使用计算机能识别的程序语言编制在系统程序中。当输入零件的描述信息后,系统进行一系列判断,然后调用相应的子程序,生成工艺规程。当使用环境有变时,就必须修改系统程序,所以这类系统的适应性比较差。而 CAPP 专家系统由零件信息输入模块、知识库、推理机三部分组成。其中知识库和推理机是互相独立的。推理机实质就是一组程序,用来控制、协调整个系统工作。它可根据当前输入的数据,通过推理机的控制策略,从知识库中搜索相应的处理规则,解决需要解决的问题。知识库就是数据库,但它又不同于一般存储资料的数据库,一般数据库系统只是简单地存储答案,以便让用户直接搜索;而在专家系统中,所存储的不是答案,而是进行推理的逻辑与知识规则,必须要经过推理才能导出结论。

CAPP 专家系统根据当前输入的数据,通过推理机的控制策略,从知识库中搜索相应的处理规则,然后执行这条规则,并把每一次执行规则得到的结论部分按先后次序记录下来,直到零件加工达到终结状态,这个记录就是零件加工所要求的工艺规程。其工作原理如图 3-17 所示。

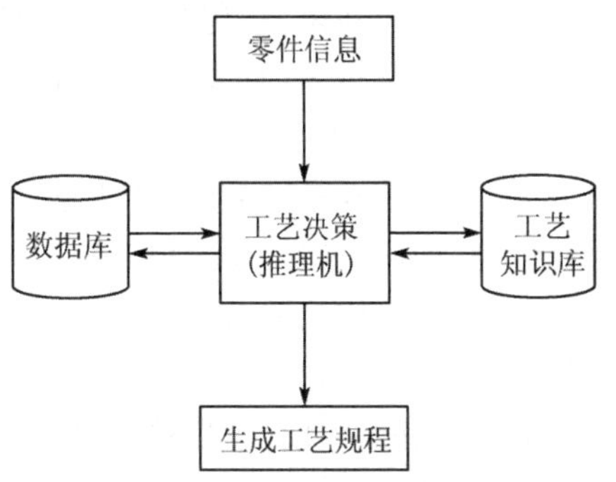

图 3-17 CAPP 专家系统工作原理

3.6.1 专家系统的基本构成

工艺设计的专家系统,以知识库和推理机为主体,再加入解释系统、知识获取系统、人机接口等功能模块,即构成专家系统的基本结构。

3.6.1.1 知识库(Knowledge Base, KB)

在专家系统中存放的专家知识、经验的集合称为知识库。知识库的组织结构形式对于提高专家系统效率至关重要。为有效地利用知识,应该把存放在计算机中的知识体系化、结构化,以便于使用时存取、检索和更新。建立某一专业领域的知识库是一个复杂的过程。通常,先建立一个子集,然后再利用知识库开发系统修改和扩充知识库,并对其中的知识进行检验。

3.6.1.2 推理机(Inference Engine, IE)

推理机由一组程序组成,实现对问题的推理求解。它根据有关问题的控制型知识,选择控制策略,将规则与事实进行匹配,控制并利用知识进行推理,求解问题。一般 CAPP 专家系统通常都采用逆向推理方式,推理机根据用户提出的零件设计要求,选用适当的规则,确定出能满足零件设计要求的加工方法和参数,并给出这种所需要的预加工零件状态,修改动态数据库,把预加工零件状态作为新的要求,再选用适当的规则,确定出适当的加工方法和参数。如此反复递推,直到所确定的加工方法不再需要预加工为止,即推出了零件所需的毛坯。

3.6.1.3 解释系统(Explanation System)

解释系统向用户说明推理的过程,解答产生结论的理由。解释功能可以对系统的推理行为做出解释,解释不仅使结论易于为用户所理解、接受,帮助用户建立系统、调试系统,而且还可以对缺乏领域知识的用户起到传授知识的作用。

3.6.1.4 知识获取系统(Knowledge Acquisition System)

知识获取的任务是把这些知识提取出来,转化为计算机内部能识别的符号,经检测后输入知识库。知识获取系统也可修改和扩充知识库中的原有知识。

3.6.1.5 人机接口(Man-Machine Interface)

人机接口是将专家和用户的输入信息翻译成系统可以接受的内部形式,同时把系统向专家或用户的输出信息转换为人类易于理解的形式。

综上所述,专家系统是一个计算机程序,它对某一领域的问题提供具有该领域专家水平的解答,并具备启发性、透明性、灵活性等特点。

3.6.2 CAPP 专家系统知识库

在一般的 CAPP 系统中,都把工艺设计各阶段所用到的工艺知识归纳成工艺决策逻辑形式,编制在系统中。而在 CAPP 专家系统中,则是独立建成工艺知识库。工艺知识在专家系统中属于过程性知识,它包括选择决策逻辑(如加工方法选择、工艺装备选择、切削用量选择等),排序决策逻辑(如安排加工路线、确定工序中的加工步骤等),以及加工方法知识(如加工能力、预加工要求、表面处理要求等)。一般都采用产生式规则来表示工艺决策知识。

产生式规则是一个以"如果某些条件被满足,就采取某种动作"形式表示的语句。它主要描述那些如何应用其他知识的知识,这是目前专家系统用得最多的一种过程性知识表示方法。产生式规则结构接近人类专家思考问题方式,比较直观,容易收集和组织工艺专家的知识,而且各条规则相互独立,易于查询、修改和扩充。另外它还具有描述不确定知识的能力,也容易添加解释功能,以便观察系统如何进行推理,从而使知识库更适用于解决实际问题。

工艺知识库是一个完整的规则集,它可以划分为若干个规则子集。根据需要每个规则子集还可以划分成若干个规则组。一般形式如下:

IF(前提或条件) THEN (结论或动作)

规则 1：

IF　（孔径≤20　　　AND

材料：非淬火钢　AND

精度：H7）

THEN　（加工方法：铰孔）

规则 2：

IF　（铰孔加工）

THEN　（前序加工：扩孔）

规则 3：

IF　（扩孔加工）

THEN　（前序加工：钻孔）

3.6.3　CAPP 专家系统的推理机

推理机是专家系统的控制机构，它规定了如何从知识库中选用适当的规则来进行工艺规程设计，只有在一定的控制策略下，规则才能被启用。通常从选择规则到执行操作分三步：匹配、冲突解决和操作。其中，匹配器负责判断规则条件是否成立；冲突解决器负责选择可调用的规则；操作器负责执行规则的动作，在满足结束条件时终止系统的运行。

在 CAPP 专家系统的推理过程中，当有多条规则的条件部分被满足时，系统到底应该选用哪条规则予以执行，则由冲突解决策略来决定。对于不同的系统或不同的子任务可以采用不同的解决方法。

常用的方法如下：

（1）按规则的存储次序决定启用规则。如前面所述的按知识库中规则存放顺序，从前向后匹配，最早被触发的规则即为启用规则。

（2）优先启用包含最多前提条件的规则。

（3）按规则可信度值选用，即可信度值大的规则为优先启用规则。

3.7　习题

1. CAPP 的概念是什么？有哪几种基本类型？
2. 请叙述一下 CAPP 系统的组成和工作过程。
3. 什么是成组技术？编码的结构有哪些？零件分类方法有哪几种？
4. 派生法 CAPP 系统与创成法 CAPP 系统的工作原理有何不同？
5. 派生法 CAPP 系统的开发设计过程。
6. 创成法 CAPP 系统的工艺决策采用哪些方法？
7. CAPP 专家系统由哪些部分构成？

第4章 数控加工基础

4.1 数控加工技术概述

数字控制(Numerical Control,简称 NC)技术简称数控技术,是用数字化信号进行可编程自动控制的一种方法。数控加工是用数字化信号对机床运动及其加工过程进行自动控制的一种技术。数控加工把数控技术应用于传统的加工技术中,几乎覆盖了所有的加工领域,如车、铣、刨、镗、钻、拉、电加工、板材成型等方面。由于现代数控都采用计算机进行控制,所以数控技术又称为计算机数控(Computer Numerical Control, 简称 CNC)。

数控机床是指采用数控技术控制的机床。数控机床集合了计算机技术、自动控制技术、自动检测技术和精密加工技术等先进技术,是现代制造技术的关键装备。数控机床的数控系统经历了两个发展阶段。

第一个发展阶段是数控(NC)阶段。1952 年,世界上第一台数控机床由美国帕森斯公司(Parsons Co.)和麻省理工学院(MIT)合作研制成功,成为世界机械工业史上一件划时代的事件,推动了自动化的发展。随后,数控机床在世界各国迅速发展起来,早期的数控机床采用数字逻辑电路作为数控系统,称为硬件连接数控,其核心部件有电子管(1952 年)、晶体管(1959 年)和小规模集成电路(1965 年)三种形式。

第二个发展阶段是计算机数控(CNC)阶段。从 1970 年开始,采用大规模集成电路的小型通用计算机取代硬件逻辑电路,成为数控系统的核心部件,从此开始了计算机数控。1974 年,微处理器被应用于数控系统。1990 年以后,PC 机的性能已发展到很高的水平,能够满足数控系统核心部件的要求,数控系统进入基于工控 PC 的通用 CNC 阶段。

4.2 数控机床

4.2.1 数控机床的组成

数控机床是一种装有程序控制系统的机床,该系统能逻辑地处理具有特定代码或特定符号编码指令规定的程序,并将其译码,用代码化的数字表示出来,通过信息载体输入数控装置,经运算处理由数控装置发出各种指令信号,控制机床按预设的顺序依次动作,依照图纸要求的形状和尺寸,自动地将零件加工出来。数控机床种类繁多,通常由信息载体、输入/输出装置、数控系统、伺服系统、检测与反馈装置、机床本体和辅助装置等单元组成,如图 4-1 所示。

4.2.1.1 信息载体

数控机床工作时,不需要工人直接操纵机床,但机床又必须执行工人的意图,这就需要在工人与机床之间建立某种联系,将零件加工程序以一定的格式和代码存储在某种载体上,这种用于记录数控机床所加工零件的各种信息的载体称为信息载体或控制介质。常用的信息载体有磁盘、光盘、磁带、硬盘和闪存卡等。信息载体以指令的形式记载各种加工信息,控制机床对

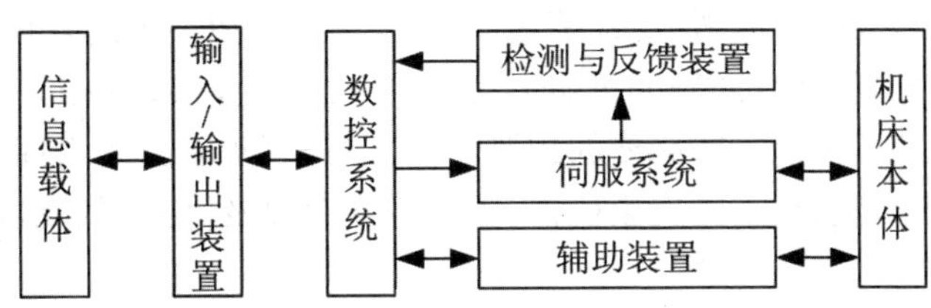

图 4-1　数控机床的组成

零件的加工过程。

4.2.1.2　输入/输出装置

输入/输出装置的主要作用是输入程序和数据，并打印和显示。输入装置将各种加工信息输送给数控系统，在数控机床产生初期，输入装置为穿孔纸带，现已淘汰，后发展成盒式磁带，再发展成键盘、磁盘等便携式硬件，目前 CNC 机床常用的输入装置有软盘驱动器、光电读带机或录音机。现代数控机床也可以用数控系统操作面板上的人机界面直接输入零件加工程序，称为 MDI(手动数据输入)。复杂的曲面加工往往通过数控软件编程，再通过数控机床上的 RS232 串行通信接口传到数控系统。

输出装置显示输入的内容及数控工作状态等信息，监控数控系统的运行。

4.2.1.3　数控系统

数控系统是数控机床的控制系统，是数控机床的核心，由硬件和软件组成。硬件主要包括微处理器、存储器、局部总线、外围逻辑电路以及与数控系统的其他组成部分联系的各种接口等；软件是为了实现数控系统各项控制功能而开发的专用软件，又称系统软件。数控系统可由软件处理输入信息，同时处理逻辑电路难以处理的复杂信息，使数字控制系统的性能得到更大提高。

4.2.1.4　伺服系统

伺服系统是数控系统的执行机构之一，由伺服驱动电动机和伺服驱动系统组成。伺服系统是数控机床执行机构的驱动部件和动力来源，用来接受数控系统的指令信息，并按照指令的要求带动机床的移动部件运动或驱动执行机构动作。数控机床上每个做进给运动的部件都配有一套伺服驱动系统，接收来自数控系统的指令脉冲，经过一定的信号变换及电压、功率放大，再驱动各加工坐标轴按指令脉冲运动，带动工作台和刀架，通过几个坐标轴的综合联动，使刀具相对于工件产生各种复杂的机械运动，加工出所要求的复杂形状。

伺服系统按照控制方式可以分为开环、闭环和半闭环三种。

4.2.1.5　检测与反馈装置

检测与反馈装置是闭环控制系统和半闭环控制系统的重要组成部分，其主要作用是监测机床导轨和主轴移动的位移和速度，通过模数转换变成数字信号后，反馈到数控系统中，与数控系统发出的指令信号比较，若有偏差，经放大后控制执行部件向消除偏差方向运动，直至消除偏差。通常，检测与反馈装置安装在伺服电动机上，其检测精度会最终影响数控机床的加工精度和定位精度。

4.2.1.6　机床本体

机床本体是数控机床的主体部分，是完成各种切削加工的机械结构，包括机床基础件、主传动系统、进给系统以及液压、润滑、冷却等辅助装置,来自数控装置的各种运动和动作指令都必须由机床本体转换成真实的、准确的机械运动和动作,才能完成数控机床的加工功能。

辅助装置是指数控机床的一些必要的配套部件,包括储备刀具的刀库、数控分度头、自动换刀装置、自动托盘交换装置、工件夹紧机构、回转工作台以及液压、气动、冷却、润滑、排屑装置等。

数控机床的机床本体的基本构成与传统的机床十分相似,但是由于数控机床的功能和性能与传统机床存在巨大差异,所以数控机床的机床本体在总体布局、结构、性能上与传统机床有明显的区别。主要表现为机械结构与功能部件的不同,形成数控机床机械构造上的特色:

①采用高性能的无级变速主轴及伺服传动系统,具有传递功率大,静、动刚度高,抗震性及热稳定性好等优点;

②采用高效传动部件及进给传动系统,机械传动结构得到简化,传动链较短,具有较高的几何精度、传动精度和定位精度,一般采用滚珠丝杠、静压导轨、滚动导轨等;

③装配有多主轴、多刀架及刀具与工件的自动夹紧装置,自动换刀系统(ATC),自动排屑装置,以及自动润滑冷却装置,并支持连续自动化加工。

4.2.2 数控机床的分类

数控机床的种类繁多,常见的有以下几种分类方法。

4.2.2.1 按工艺用途分类

(1)切削类数控机床:采用切削工艺,主要完成切削加工,如数控车床、数控铣床、数控钻床、数控镗床、数控磨床和加工中心等。

(2)成型加工类数控机床:采用挤、冲、压、拉等成型工艺的数控机床,如数控折弯机、数控压力机、数控弯管机、数控冲床等。

(3)特种加工类数控机床:是指采用电或者激光加工技术的数控机床,如数控电火花线切割机床、数控电火花成型机床、数控激光切割机床、数控激光热处理机床、数控激光板料成型机床等。

(4)其他类型数控机床:如数控多坐标测量机、自动绘图机、自动装配机、工业机器人等。

4.2.2.2 按机床运动方式分类

(1)点位控制数控机床。点位控制只控制机床运动部件从一点精确地移动到另一点,控制的是起点和终点的坐标值,而不管移动时所走的路径如何,各坐标轴之间的运动不相关,在移动过程中也不进行加工。点位控制的功能是获得精确的孔系中心定位。为了减少运动部件的运动和定位时间,一般运动部件先快速运动至定位点附近,然后低速准确地运动到定位点,以保证稳定的定位精度。这种类型的数控机床主要应用于平面孔系的加工,如数控钻床、数控坐标镗床、数控冲床等。

(2)直线运动控制数控机床。又叫平行控制数控机床,可控制机床工作台或刀具以要求的进给速度,沿平行于某一坐标轴或两轴的方向进行直线或斜线移动并在移动过程中做直线切削加工。其特点是除了需要控制点与点之间的准确定位外,还需要控制刀具在两相关点之间的移动速度和路径,一般要求路径与机床坐标轴平行,在移位的过程中刀具以指定的进给速度进行直线切削加工,如数控镗床、数控铣床和数控磨床等。

(3)轮廓控制数控机床。轮廓控制又称为连续轨迹控制,是指能实现两轴或两轴以上的联动加工,能够对两个或两个以上运动坐标的位移和速度进行严格的连续控制;数控系统需要在加工过程中不断进行多坐标轴之间的差补运算,完成复杂曲线或曲面零件的切削加工。现代数控机床大多数具有两个或两个以上坐标的联动控制功能,也具有刀具半径和长度补偿等功能,典型的有数控车床、数控铣床、数控电火花线切割机床和加工中心等。按联动轴数也可分两轴联动,两轴半、三轴、四轴、五轴联动等。随着制造技术的发展,多坐标联动控制也越来越普遍。

上述三种机床的运动方式如图 4-2 所示。

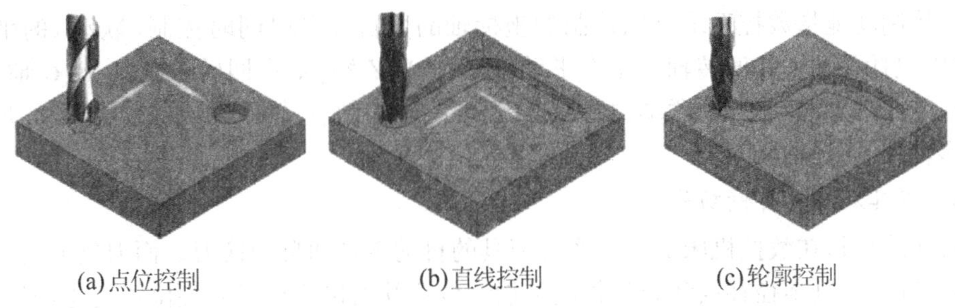

(a)点位控制　　(b)直线控制　　(c)轮廓控制

图 4-2　数控机床的运动方式

4.2.2.3　按伺服系统控制方式分类

按伺服系统控制方式,数控机床可分为开环控制、半闭环控制和闭环控制。

(1)开环控制是指不带位置反馈装置的数控系统。对于开环控制的数控机床,数控装置发出的指令信号单方向传递,指令发出后不再反馈回来。因为没有来自位置测量元件的反馈信号,对执行机构的动作情况不进行检查,所以控制精度不高。开环控制的数控系统具有结构简单、价格低廉的特点,但是难以实现运动部件的快速控制。

(2)半闭环控制数控机床的检测反馈装置采用角位移检测装置,一般将位置检测装置安装在驱动电动机轴端或传动丝杠端部,通过检测伺服电机或丝杠的角位移,间接地检测出运动部件或工作台的实际位置或位移,并反馈给数控装置的比较器,与输入指令信号进行比较,用差值对运动进行校正控制。由于该控制方式只对伺服电动机或滚珠丝杠的角位移进行闭环控制,而没有对其他运动部件的位移实现闭环控制,故称为半闭环控制。半闭环控制具有调试方便、结构紧凑、系统稳定性好的特点,但是无法消除和校正机械传动链所产生的误差。

(3)闭环控制是将位置和速度等检测装置安装于机床运动部件上,在加工过程中,将测量到的位移量和转速等信号反馈到数控装置的比较器中,与输入指令信号进行比较,用差值对运动部件进行校正控制,使运动部件严格按照实际需要的位移量运动并实现精确定位。其特点是将机械传动链的全部环节都包含在闭环内,精度取决于检测装置的精度,超过半闭环系统,但是价格昂贵。

4.2.3　数控机床的主要功能

数控机床的数控系统由不同的硬件组成和配置,辅以各种监控软件,可以对机床或设备进行控制,因此数控机床具有多种功能。

4.2.3.1　进给功能

数控系统的进给功能包括快速进给(空行程移动)、切削进给、手动连续进给、点动进给、进给量调整、自动加/减速等功能,它与伺服驱动系统的性能有关。

4.2.3.2 主轴功能

数控系统的主轴功能可实现恒转速、恒线速度、定向停车及转速调整(倍率开关)等功能。恒线速度控制可使主轴自动变速,使得刀具相对于切削点的速度保持不变。主轴定向停车也称为主轴准停,该功能使主轴在径向的某一个位置能准确停止,主要用于数控机床在换刀和精镗等加工后的退刀控制,使主轴准确定位、方便退刀。

4.2.3.3 多轴控制功能

多轴控制功能指数控系统可以控制的坐标轴的数目和可以同时控制(联动)的坐标轴的数目,其中包括平动轴和回转轴。基本平动轴是 *X*、*Y*、*Z* 轴,基本回转轴是 *A*、*B*、*C* 轴,一般数控车床只需要二轴控制、二轴联动,数控铣床需要三轴控制、三轴联动或二轴半联动,加工中心则需要多轴控制、三轴联动。

4.2.3.4 刀具及刀具补偿功能

刀具功能是指在数控机床上可以实现刀具的自动选择和自动换刀。而刀具补偿功能包括刀具位置补偿、刀具半径补偿和刀具长度补偿。位置补偿包括车刀刀尖位置变化、刀具在进行换刀后位置变化的补偿;刀具半径补偿包括车刀刀尖半径、铣刀半径变化的补偿;刀具长度补偿包括铣床或加工中心沿加工深度方向对刀具长度变化的补偿。

4.2.3.5 插补功能

插补功能是指数控机床能够实现的运动轨迹,如直线、圆弧、螺旋线、抛物线、正弦曲线等。"插补"是指在待加工轮廓的起始点和结束点进行数据拟合、求取中间点的过程。数控机床的插补功能越强,说明能够加工的轮廓种类越多。一般的数控系统都具有直线和圆弧的插补功能,而一些高档数控系统能够插补椭圆、抛物线、螺旋线等复杂曲线。

4.2.3.6 操作功能

数控机床通常有单程序段运行、跳段运行、连续运行、试运行、图形模拟仿真、机械锁住、暂停和急停等功能,有的还有软件操作功能。

4.2.3.7 程序管理功能

数控系统的程序管理功能是指对加工程序的检索、编辑、修改、插入、删除、更名和程序的存储、通信等功能。

4.2.3.8 字符图形显示功能

一般的数控系统都具有 CRT 显示,在显示器上显示字符、二维或三维图形、单色或彩色的图形,图形可进行缩放和旋转,也可以显示刀具动态轨迹以及人机对话、自诊断等信息。

4.2.3.9 自诊断报警功能

现代数控系统具有人工智能的故障诊断系统,可对其本身的软件、硬件故障进行自我诊断,也可以用来监视整个加工过程是否正常,在发生异常时及时报警。

4.2.3.10 通信功能

现代数控系统一般都配有 RS232 或 DNC 接口,可以按照用户的格式要求,与同级计算机进行数据交换或与上级计算机进行信号的高速传输。高档数控系统还可以与 Internet 相连,以适应柔性制造系统(FMS)和计算机集成制造系统(CIMS)的要求。

4.2.4 数控机床的特点与应用范围

数控机床对零件的加工过程是严格按照加工程序所规定的参数及动作执行的。数控机床作为一种高效能自动或半自动机床,与普通机床相比,具有一些明显的特点。

4.2.4.1　数控机床的特点

作为一种高自动化、高柔性、高精度、高效率的机械加工设备,数控机床在机械制造中得到了广泛应用,其优点主要包括:

(1)生产效率高,加工精度高,加工质量稳定,适用性强

数控机床的主轴转速和进给量的调整范围都比普通机床的范围大,因此数控机床每一道工序都可选用最有利的切削用量;从快速移动到停止采用了加速、减速措施,既提高运动速度,又保证定位精度,有效地缩短了机动时间 。数控机床更换工件时,不需要调整机床,既保证了同一批工件的加工质量,又无须停机检验,使辅助加工时间大大缩短。对于使用自动换刀装置的数控加工中心,可以在同一台机床上实现多道工序连续加工,生产效率的提高更加明显。

数控机床是按数字指令进行加工的。目前数控机床的脉冲当量普遍达到了 0.001 mm,而且进给传动链的反向间隙与丝杠螺距误差等均可由数控装置补偿,能达到很高的加工精度。此外,数控机床的传动系统与机床结构都具有很高的刚度和热稳定性,制造精度高;数控机床的自动加工方式避免了人为的干扰因素,同一批零件的尺寸一致性好,产品合格率高,加工质量十分稳定。

(2)工序集中,自动化程度高,改善了劳动条件

数控设备的工作是按照预先编制好的加工程序自动连续完成的,因此数控机床在结构和功能设计上,充分考虑了工序的集中,配合数控机床的换刀系统,一次装夹后,可以在数控机床上完成尽可能多的加工内容,而且加工是自动进行的,工件加工过程不需要人工干预,自动化程度较高。操作者只需输入加工程序、操作键盘、装卸零件、更换刀具、利用操作面板控制机床的自动加工,不再需要进行烦琐的重复性手工操作,劳动强度大为减轻 。数控机床一般都具有较好的安全防护、自动排屑、自动冷却和自动润滑装置,操作者的劳动条件也得到很大改善,可以一个人轻松地管理多台机床,数控机床的操作已经由体力型转变为智力型。

(3)有利于现代化管理

采用数控机床加工能精确方便地计算出零件的加工时间和加工费用,有助于合理安排生产;数控机床可以对使用的刀具、夹具进行规范化和现代化管理,由于加工工序高度集中,所以节省了工装夹具,简化了中间检验工序,也减少了半成品的管理环节;数控机床使用数字信息与标准代码处理、控制加工,易于实现加工信息的标准化,为实现生产过程自动化创造了条件,从而为计算机辅助设计、制造及管理一体化奠定了基础。目前,基本可实现一机多工序加工,简化了对生产过程的管理,减少了管理人员,实现了无人化生产。

(4)维护技术要求高

数控机床是综合应用计算机自动控制、自动检测及精密机械等高新技术的产物,是技术密集度及自动化程度很高的典型机电一体化设备,价格昂贵,对机床的操作和维护要求较高。为保证数控加工的综合经济效益,要求机床的操作人员和维修人员具有较高的专业素质。其中,操作人员与数控机床接触最多,要求操作人员能够正确使用和精心维护数控机床,时刻掌握数控机床的工作状态。

4.2.4.2　数控机床的应用范围

数控机床的特点决定了其在机械制造业中的地位愈来愈重要。与普通机床相比,数控机床虽然价格昂贵,初期投资大,维护费用高,对操作者的技术水平及管理人员的专业素质要求

较高,但是,随着科技的发展和进步,数控机床的应用范围正在不断扩大。根据数控加工的特点,结合国内外大量应用实践,数控机床通常最适合加工具有以下特点的零件:

(1)多品种、小批量生产的零件或新产品试制中的零件。能有效缩短程序的调试时间和工装的准备时间。

(2)几何形状复杂、加工精度要求高、表面粗糙度要求高的零件。因为数控机床对刀准确,能方便地进行尺寸补偿,而且具有可调的切削速度和进给速度。

(3)轮廓形状复杂的零件。任意平面曲线都可以用直线或圆弧来逼近,数控机床具有圆弧插补功能,可以加工各种复杂轮廓的零件。

(4)加工过程需要进行多工序加工的零件。

(5)价格昂贵、加工中不允许报废的零件。

(6)用普通机床加工时需要昂贵工装设备(工具、夹具和模具)的零件。

4.3 数控编程基础

数控机床的工作原理就是将加工过程所需的各种操作和步骤以及工件的形状尺寸用数字化的代码表示,通过控制介质将数字信息送入数控装置,数控装置对输入的信息进行处理与运算,发出各种控制信号,控制机床的伺服系统或其他驱动元件,使机床自动加工出所需要的工件。所以,数控加工过程应包括:分析零件图及其结构工艺要求,确定加工方案、工艺参数和工艺装备;生成刀具运动轨迹;产生数控代码,输入数控系统;校对程序及首件试切;合格后操作机床运行程序,完成零件的加工。

数控加工的关键是获取加工数据和工艺参数,产生数控代码,即数控编程。

4.3.1 数控编程的概念

数控机床加工零件是按照事先编制好的加工程序自动进行的。数控编程就是把零件图纸变成控制介质的全过程,具体地说,就是将零件的加工信息如尺寸、加工顺序、工艺过程、工艺参数、机床的运动、刀具位移和辅助动作等内容,按照数控机床的编程格式或能识别的语言编制规范,用规定的文字、数字、符号组成的代码编写零件加工程序,并将程序写入控制介质,完成程序的校验和试加工。

数控编程同计算机编程一样有自己的"语言"。数控系统种类繁多,每个数控系统的编程语言各不相同,但其间也有很多相通之处,对不同的数控机床而言,由于在硬件上存在差距,编程语言还没有发展到相互通用的程度。当加工一个零件时,首先要确认机床的数控系统,编制程序时应严格按照机床编程手册中的规定进行。

随着数控技术的发展,先进的数控系统不仅向用户编程提供了一般的准备功能(G 代码)和辅助功能(M 代码),而且为数控编程提供了扩展功能。

4.3.2 数控编程的步骤

数控加工编程的具体步骤如下:

4.3.2.1 分析图样,确定加工工艺过程

在数控机床上加工零件,工艺人员拿到的原始资料是零件图。根据零件图,对零件的形状、尺寸精度、表面粗糙度、工件材料、毛坯种类和热处理要求等进行分析,确定加工方案,选择合适的数控机床、合适的工件装夹方法及夹具、合适的刀具,确定合理的走刀路线,选择合理的

切削用量等工艺参数。

4.3.2.2　数值计算,计算刀位轨迹,确定走刀路线

数值计算就是根据零件图样几何尺寸,计算零件轮廓数据,或根据零件图样和走刀路线,计算刀具中心(或刀尖)运行轨迹,获得刀位数据。数值计算的目的是获得数控机床编程所需要的所有相关位置坐标数据。

数控系统一般都具有直线插补和圆弧插补功能。对于加工形状比较简单的零件(轮廓为直线或圆弧),需要计算出几何元素的起点、终点、圆弧的圆心、两几何元素的交点或切点的坐标值,如果数控装置无刀具补偿功能,还要计算刀具中心的运动轨迹坐标值;对于加工形状比较复杂的零件(轮廓为非圆曲线),需要用直线段或圆弧段逼近,根据加工精度的要求计算出节点坐标值。对于自由曲线、自由曲面及组合曲面等加工程序的编制,由于其数值计算过程较为复杂,需要计算机辅助完成。

4.3.2.3　编写零件加工程序

根据制定的加工路线、刀具运动轨迹、切削用量、刀具号码、刀具补偿要求及辅助动作,按照机床数控系统使用的指令代码及程序格式要求,逐段编写或生成零件加工程序单,需要人工检查,并反复修改。

4.3.2.4　制作控制介质,输入加工程序

加工程序通过控制介质和输入设备传输给数控系统,常用的输入方式有:键盘、磁盘、存储卡、连接上级计算机的DNC接口等,也可通过手工输入、网络通信等方式输入数控系统。目前常用的方法是通过键盘直接将加工程序输入(MDI方式)到数控机床程序存储器中或通过计算机与数控系统的通信接口将加工程序传送到数控机床的程序存储器中,由机床操作者根据零件加工需要进行调用。

4.3.2.5　程序校验和试加工

编写的加工程序和制备好的控制介质,必须经过校验和试切才能用于正式加工。在有图形显示功能的数控机床上,可以进行图形模拟加工,以检查刀具轨迹的正确性;对于没有显示功能的数控机床,可进行机床空运转检验,但是这些方法只能检验刀具运动轨迹是否正确,不能检验被加工零件的加工精度,因此需要进行零件的首件试切。通常可采用铝件、木件或石蜡等易切材料进行试切,当发现有加工误差时,应分析误差产生的原因,找出问题所在,以便修改加工程序或采取刀具尺寸补偿等措施,直到加工出满足图样要求的零件为止。

4.3.3　数控编程方法

数控编程是数控加工准备阶段的主要内容之一,可分为手工编程和自动编程。手工编程(Manual Programming)是指编程的各个阶段均由人工完成。自动编程(Automatic Programming)一般由计算机完成,因此又叫计算机辅助编程(Computer Aided Programming)。对于几何形状复杂的零件,需要借助计算机使用规定的数控语言编写源程序,经过处理后生成零件加工程序。

4.3.3.1　手工编程

手工编程就是从分析零件图样、确定加工工艺过程、计算数值、编写零件加工程序单、制作控制介质到程序校验的整个编程过程都由人工完成,要求编程人员不但要熟悉数控代码和编程规则,而且需要具备一定的机械加工工艺知识和数值计算能力。手工编程的特点是耗时长,

易出错,只适用于加工几何形状不太复杂的零件,编程容易实现,涉及的计算简单,程序段不多。

4.3.3.2 自动编程

自动编程是利用计算机专用软件来编制数控加工程序。编程人员只需根据零件图样的要求,按照某个自动编程系统的规定,使用数控语言,由计算机自动地进行数值计算及后置处理,编写出零件加工程序;加工程序可通过直接通信送入数控机床,也可以先制备控制介质,再输入数控机床,控制机床的工作过程。

自动编程能够顺利完成一些计算烦琐、手工编程难以编制的程序。自动编程有两种方法:

(1)利用自动编程软件编程

利用通用的微型计算机及专用的自动编程软件,以人机对话方式确定加工对象和加工条件,自动进行运算和生成指令。在这种编程方法中,从工件的图形定义、刀具的选择、起刀点的确定、走刀路线的安排,到各种工艺指令的插入,都可由计算机完成,最后得到所需的加工程序。

(2)利用 CAD/CAM 集成数控编程系统自动编程

利用 CAD/CAM 系统进行零件的设计、分析及加工编程,这种方法适用于制造业中的 CAD/CAM 集成编程数控系统,目前正被广泛应用。

4.3.4 数控加工编程中的坐标系统

在数控编程时,为了精确控制机床移动部件的运动、简化编程方法和保证程序的通用性,把数控机床的坐标系和运动方向标准化,国际上统一使用的是 ISO 标准坐标系。我国在 1982 年颁布了相应标准 JB 3051—1982《数控机床坐标和运动方向的命名》,与 ISO 标准等效。下面介绍该标准中的一些规定。

4.3.4.1 机床坐标系

机床坐标系是机床固有的坐标系,设置机床坐标系是为了确定工件在机床中的位置,描述机床运动部件特殊位置及运动范围而建立的几何坐标系。

(1)机床相对运动的规定:为了方便和统一,在进行编程计算时,无论在实际加工中是工件运动还是刀具运动,都假定工件不动, 让刀具相对工件运动来编程。这一原则使编程人员能在不知道是刀具移近工件还是工件移近刀具的情况下,就可根据零件图样确定加工过程。

(2)机床坐标系的规定:标准的机床坐标系是一个右手笛卡尔直角坐标系,如图 4-3 所示。图中规定了三个直线进给对应的坐标轴 X、Y、Z 的方向,按右手定则确定,各个坐标轴的方向应与机床的主要导轨平行,与将来安装在机床上靠机床的主要直线导轨找正的工件相关。根据图 4-3 所示的右手螺旋方法,也可以很方便地确定出 A、B、C 三个旋转坐标的方向,用来确定圆周进给。

在确定机床坐标轴时,一般先确定 Z 轴,然后确定 X 轴,最后确定 Y 轴。机床各坐标轴及其方向的确定原则如下:

①Z 轴。规定平行于机床主轴的方向为 Z 轴,其正方向是刀具远离工件的方向。若机床没有主轴(如刨床),则 Z 坐标轴为垂直于工件装夹面的方向;若机床有几个主轴,可选择一个垂直与工件装夹面的主要轴为主轴,并以此来确定 Z 坐标轴的方向。

②X 轴。规定垂直于 Z 轴并且平行于工件装夹面的水平方向为 X 轴方向,X 坐标是描述刀具在工件定位平面内运动的主要坐标。对于工件旋转的机床(车床、磨床),X 坐标的方向

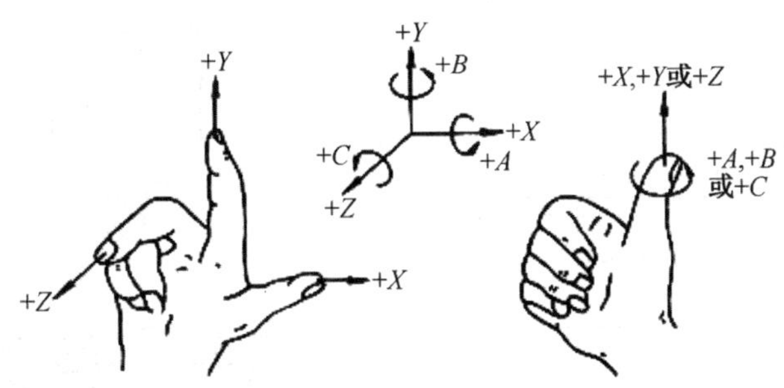

图 4-3　右手笛卡尔直角坐标系

在工件的径向上，平行于横向工作台，刀具远离工件的方向为 X 轴的正向；对于刀具旋转的机床（如铣床），若 Z 坐标轴是水平的（如卧式铣床），从主轴向工件看，右方为 X 坐标轴的正向；若 Z 坐标轴是垂直的（如立式铣床），由主轴向立柱方向看，右方为 X 坐标轴的正向；对于刀具和工件均不旋转的机床（如刨床），X 坐标轴平行于主要切削方向，并以该方向为正方向。

③Y 轴。当 X、Z 正方向确定后，按右手定则即可确定 Y 轴正方向。

典型的机床坐标系如图 4-4 所示。

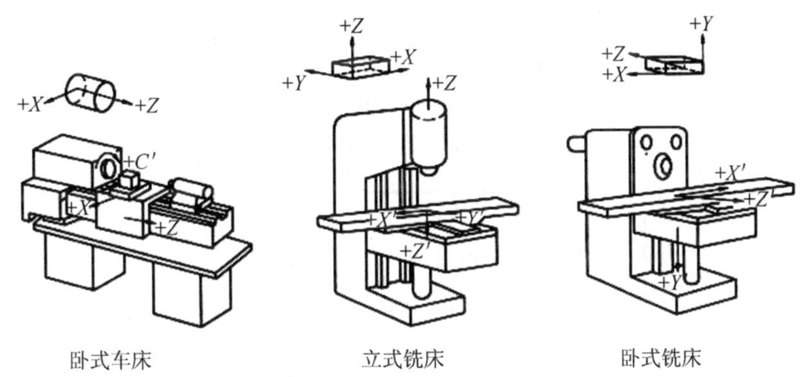

图 4-4　典型机床坐标系

（3）机床坐标系的原点。又称为机床原点或机床零点，是机床经过设计、制造和调整后，在机床上设置的一个固定点，通常由机床的生产厂家在装配、调试时确定，不能随意改变，是机床进行加工运动的基准参考点，也是其他所有坐标系，如工件坐标系、编程坐标系以及机床参考点的基准点。对于数控车床，机床原点一般取在卡盘端面与 Z 轴相交处；对于数控铣床，机床原点一般取在 X、Y、Z 轴的正方向极限位置上，如图 4-5 所示。使用前可查阅机床用户手册。

（4）数控机床的参考点。在数控装置通电时并不知道机床零点，为了正确地在机床工作时建立机床坐标系，通常在每个坐标轴的移动范围内设置一个机床参考点（即测量起点），机床起动时，用控制面板上的回零按钮使移动部件退回到机床坐标系中一个固定不变的极限点，该点称为参考点或基准点。参考点的主要作用是监测和控制数控机床上运动部件的位置。

参考点是机床制造厂在机床上用行程开关设置的一个物理位置，与机床原点的相对位置是固定的，它在机床出厂前由机床厂精密测量确定，坐标值已经输入在数控系统中，相对于机床原点，参考点的坐标是一个已知数。数控机床在工作时，移动部件必须首先返回参考点，将测量系统置零后，将参考点作为基准，随时测量运动部件的位置。参考点是刀具（或工作台）

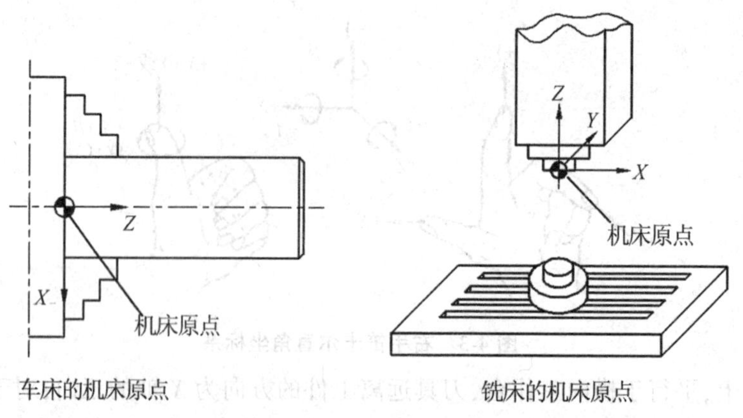

图 4-5　典型数控机床原点

移动的基准,数控装置也是通过参考点来确认出机床原点的位置。

通常在数控铣床上机床原点和机床参考点是重合的,而在数控车床上机床参考点是离机床原点最远的极限点。数控车床的参考点与机床原点如图 4-6 所示。

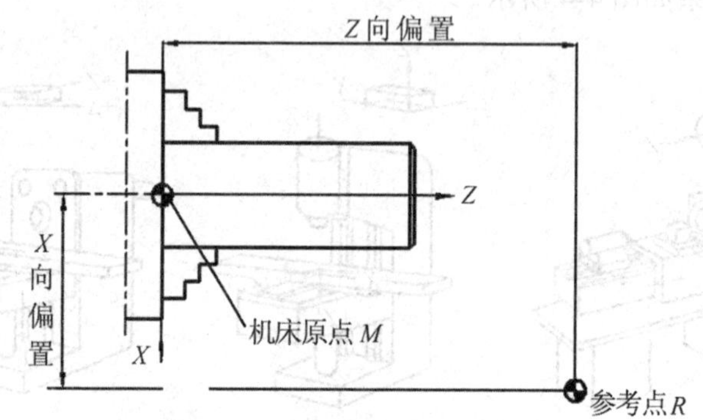

图 4-6　车床的机床原点和参考点

4.3.4.2　编程坐标系

编程坐标系又称为工件坐标系,是编程人员根据加工零件图样及加工工艺要求建立的基准坐标系。编程坐标系一般供编程使用,建立编程坐标系时,不必考虑工件毛坯在机床上的实际装夹位置。编程坐标系的坐标原点是数控加工的对刀点,应尽量选择在零件的设计基准或工艺基准上,并且尽量选择工件的对称中心,坐标轴的方向应该与所使用的数控机床的机床坐标轴方向一致。

编程坐标系的选择原则如下:

(1)应使程序编制简单;

(2)编程坐标系的原点应选在加工精度要求高的表面上;

(3)引起的加工误差要小,便于测量和检测,如图 4-7 所示。

4.3.4.3　绝对坐标系与增量(相对)坐标系

如果刀具运动位置的坐标值相对于固定的坐标原点给出,称为绝对坐标表示法,对应的坐标系称为绝对坐标系。如果刀具运动位置的坐标值是相对于前一位置坐标的增量,即表示为目标点绝对坐标与当前点绝对坐标的差值,这种坐标表示方法称为增量坐标或相对坐标表示

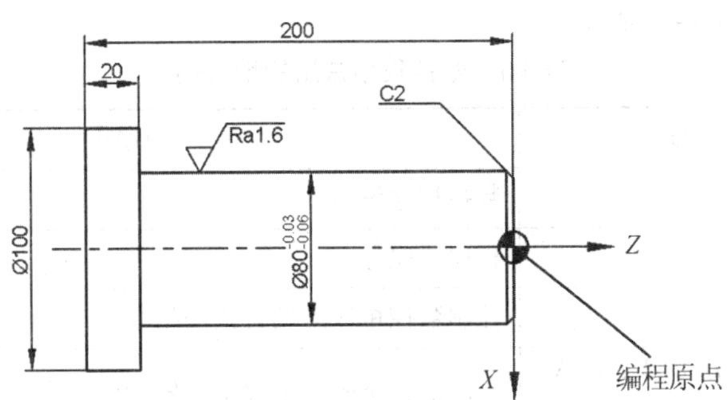

图 4-7　编程坐标系及其原点

法，对应的坐标系称为增量坐标系或相对坐标系，增量坐标系的坐标原点总是在移动。

编程时根据工件的形状选用绝对坐标系或增量坐标系，以方便编程为原则，有时也可以两者混用。

4.3.5　数控加工程序的程序段格式和常用数控程序指令代码

数控机床的动作由程序段控制，程序段由一组指令组成，这类指令包括准备功能 G 指令、辅助功能 M 指令、刀具功能 T 指令、主轴转速功能 S 指令以及进给功能 F 指令等。

4.3.5.1　控程序格式

一个完整的零件加工程序由程序编号、程序内容和程序结束三部分组成，程序必须按规定格式书写，包含着各种指令和数据，对应零件的加工过程。下面以某一个零件的加工程序为例进行说明：

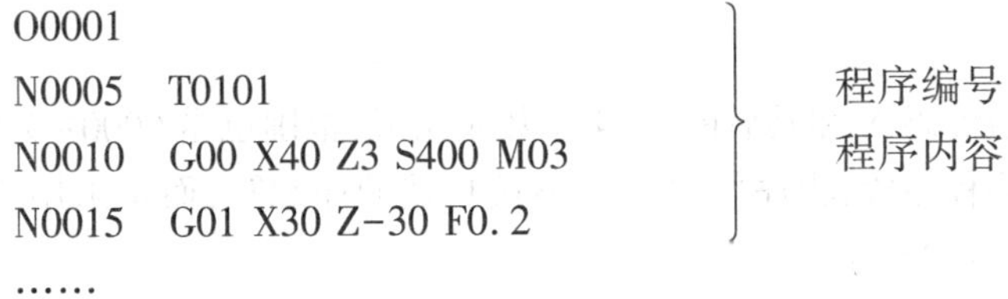

```
O0001
N0005   T0101                      程序编号
N0010   G00 X40 Z3 S400 M03        程序内容
N0015   G01 X30 Z-30 F0.2
……
N0100   M30                                      程序结束
```

(1)程序编号

程序编号是程序的开始部分，相当于程序文件名，用来区别存储器中的程序。每个程序都应该有程序编号，程序编号的范围为 0000~9999，在编号前面必须加注程序编号地址码，不同的数控系统，程序编号地址码也不同，如 FANUC6 系统采用字符“O”，其他数控系统可能采用的程序编号地址码有“%”“P”“:”等。

(2)程序内容

程序内容是整个程序的核心部分，由若干程序段组成，每个程序段由一个或多个指令组成，控制数控机床的具体加工过程。程序段必须以一定的格式书写，不同数控系统的程序格式往往不同，所以编程时必须按数控系统要求的格式编写程序段，否则会产生出错报警，停止运行。常见的程序段格式有固定顺序格式、分隔符顺序格式和字地址格式三种。

对应上述加工程序，程序段由若干部分组成，各部分称为程序字，每个程序字均由一个英文字母和后面的数字组成。英文字母称为地址码，这种形式的程序段称为字地址格式，是目前常用的程序段格式。

常用的地址码如表 4-1 所示。

表 4-1 数控程序常用的地址码

功能	地址码	说明
程序号码	O	数控程序编号
程序段序号	N	程序段序号
准备功能	G	控制数控机床运动方式的指令
尺寸字	X、Y、Z、U、V、W、A、B、C 等	表示沿各个坐标轴移动和转动的指令
	R	圆弧半径或圆角半径
	I、J、K	表示从始点到圆弧中心上的距离
进给功能	F	指定进给速度或螺纹螺距
主轴功能	S	指定主轴的转速
工具功能	T	指定刀具编号和刀具补偿编号
辅助功能	M	指定机床的辅助动作
程序段结束	LF 或 CR “ * ”或“ ; ”	当使用 ISO 标准代码时,程序段结束符用 LF 当使用 EIA 标准代码时,程序段结束符用 CR 某些数控系统,程序段结束符用符号“ * ”或“ ; ”

程序段通常以如下形式给出:

N-G-X-Y-Z-F-S-T-M-LF

程序段的开头是程序段号,由地址码 N 和其后的 1~4 位数字组成,范围也是 0000~9999。为了能在修改程序时,随时插入一些程序段,程序段号一般不按自然顺序编写,而是采用跳写的方法,如上例中的 N0005、N0010、N0015 等。

(3)程序结束

通常用程序结束指令 M30 或 M02 来结束程序。M30 表示结束当前程序并自动返回到刚执行程序的起始点,无须人工调用或查找。M02 表示结束全部程序,机床的主轴、进给、冷却等系统也全部停止,机床复位,因此,该指令必须出现在最后一个程序中。

4.3.5.2 数控程序常用指令代码

在数控加工中,主要用到准备功能 G 指令、辅助功能 M 指令、进给功能 F 指令、主轴功能 S 指令和刀具功能 T 指令。

(1)G 指令。准备功能 G 指令是控制数控机床建立某种加工方式的指令,为插补运算、刀具补偿、固定循环等做好准备。G 指令也用来规定刀具和工件的相对运动轨迹,建立机床坐标系、坐标平面,进行刀具补偿和坐标偏置等多种加工操作。G 指令由地址符 G 和其后的两位数字组成,从 G00 到 G99 共 100 种。

准备功能有两种代码:一种是模态代码,一旦指定将一直有效,直到被另一个模态码取代;另一种是非模态代码,只在本程序段中有效。

目前国际上广泛采用 ISO 1056－197E 标准的 G、M 指令，我国机械工业部制定的标准 JB/T 3208—1999 与国际标准等效。表 4-2 是我国 JB/T 3208—1999 标准 G 指令的常用部分功能定义表。

表 4-2 JB/T 3208—1999 标准 G 指令表(常用部分)

G 代码	功能	G 代码	功能
G00	快速移动点定位	G42	刀具半径右补偿
G01	直线插补	G43	刀具位置补偿(正)
G02/G03	顺/逆时针圆弧插补	G44	刀具位置补偿(负)
G17	X、Y 平面选择	G54～G59	工件坐标系设定
G18	Z、Y 平面选择	G81～G89	钻孔、攻丝、镗孔
G19	Y、Z 平面选择	G90	绝对坐标编程
G40	取消刀具补偿或刀具偏置	G91	相对坐标编程
G41	刀具半径左补偿	G92	坐标值预值

(2)M 指令。M 指令主要用来控制机床加工时的辅助动作，如指定主轴的旋转方向，启动、停止冷却液的开关，工件或刀具的夹紧和松开，刀具的更换等功能。辅助功能指令由地址符 M 和其后的两位数字组成，从 M00 到 M99 也是 100 种。

表 4-3 是我国 JB/T 3208—1999 标准 M 指令的常用部分功能定义表。

表 4-3 JB/T 3208—1999 标准 M 指令表(常用部分)

M 代码	功能	M 代码	功能
M00	程序停止	M10/11	夹紧/松开
M01	计划停止	M15/16	正/负运动
M02	程序结束	M19	主轴定向停止
M03/04	主轴顺/逆时针方向旋转	M20～M29	永不指定
M05	主轴停止	M30	纸带结束
M06	换刀	M36/37	进给范围 1/2
M08	冷却液开	M38/39	主轴速度范围 1/2
M09	冷却液关	M60	更换工件

需要说明的是，每个厂家使用的 G 指令和 M 指令都与 ISO 标准不一定相同，编程时应严格按照具体机床的编程手册进行。

(3)F 指令。F 功能指令用于控制切削进给量。根据零件的加工精度、表面粗糙度和刀具、工件的材料选择，最大进给量受机床刚度和进给系统的性能限制，并与脉冲当量有关。当精度要求较高时，进给量应选小一些。在程序中，有两种使用方法：

①每转进给量：F 后面的数字表示的是主轴每转进给量，单位为 mm/r。

编程格式 G95 F～

例:G95 F0.2 表示进给量为 0.2 mm/r。

②每分钟进给量:F 后面的数字表示的是每分钟进给量,单位为 mm/min。一般在 20~50 mm/min 范围内选取。

编程格式 G94 F~

例:G94 F40 表示进给量为 40 mm/min。

③S 指令

S 指令用来控制机床主轴的转速或速度。S 后面跟的数字表示主轴转速,单位为 r/min。对于具有恒线速度功能的数控机床,S 指令用来指定切削加工的线速度,单位为 m/min。

例:S800,表示主轴的转速为 800 r/min。

④T 指令

T 指令用来指定刀具号和刀具补偿号。T 后面可以跟两位数字或四位数字,即 TXX. 和 TXXXX 两种格式,两位数或前两位数用来指定刀具号,后两位数用来指定刀具长度补偿号和刀尖圆弧半径补偿号,例如:T03 表示选择 3 号刀;T0303 表示选择 3 号刀并调用 3 号刀具的补偿参数进行刀具长度补偿和刀尖圆弧半径补偿。

4.3.6 数控手工编程实例

(1)如图 4-8 所示,用 $\Phi8$ 的刀具,加工距离工件上表面 3 mm 深的凹槽。

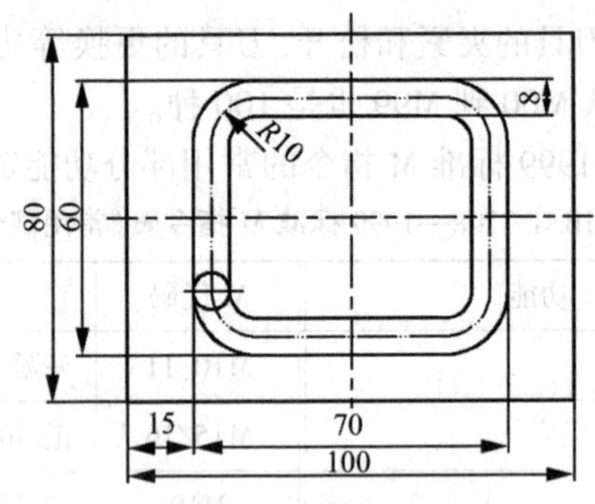

图 4-8 工件凹槽铣削

O1100	程序号
N010 G54 X0 Y0 Z50	建立工件坐标系
N020 M03 S500	主轴正转,转速 500 r/min
N030 G00 X19 Y24	快速进给至 $X=19$,$Y=24$
N040 Z5	Z 轴工进至 $Z=5$
N050 G01 Z-3 F40	直线插补至 $Z=-3$,进给速度 40
N060 Y56	沿 Y 轴进至 $Y=56$
N070 G02 X29 Y66 R10	顺时针圆弧插补,圆心 $X=29$,$Y=66$,半径为 10
N080 G01 X71	沿 X 轴进至 $X=71$
N090 G02 X81 Y56 R10	顺时针圆弧插补,圆心 $X=81$,$Y=56$,半径为 10
N0100 G01Y24	沿 Y 轴进至 $Y=24$
N0110 G02 X71 Y14 R10	顺时针圆弧插补,圆心 $X=71$,$Y=14$,半径为 10
N0120 G01 X29	沿 X 轴进至 $X=29$

```
N0130 G02 X19 Y24 R10        顺时针圆弧插补,圆心X=19,Y=24,半径为10
N0140 G00 Z50                Z轴快移至Z=50
N0150 X0 Y0                  快移至X=0,Y=0
N0160 M30                    主程序结束
```

(2)用直径为8 mm的立铣刀,铣削加工图4-9(a)所示的零件。

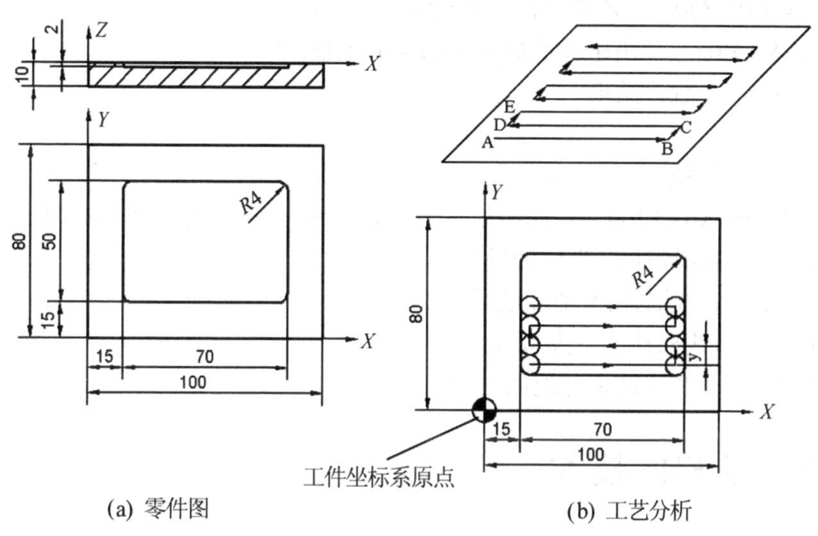

(a) 零件图　　(b) 工艺分析

图4-9　工件型腔铣削

①根据零件图样要求、毛坯及前道工序加工情况,确定加工工艺过程

(a)以已加工过的底面为定位基准,用通用台虎钳夹紧工件前后两侧面,台虎钳固定于铣床工作台上。

(b)确定工艺路线。如图4-9(b)所示,采用行切法,刀心轨迹A→B→C→D→E作为一个循环单元,反复循环多次,设图示零件上表面的左下角为工件坐标系的原点。

②计算刀心轨迹坐标、循环次数及步进量(*Y*方向)

如图4-9(b)所示,设循环次数为n,*Y*方向步距为y,步进方向槽宽为B,刀具直径为d,则各参数关系如下:

循环1次 铣出槽宽$y+d$

循环2次 铣出槽宽$3y+d$

循环3次 铣出槽宽$5y+d$

⋮

循环n次 铣出槽宽$(2n-1)y+d=B$

根据图纸尺寸要求,$B=50$,$d=8$,代入式$(2n-1)y+d=B$,即$(2n-1)y=42$

取$n=4$,得$y=6$。

③编制加工程序

```
O1100        程序号
N010 G90 G92 X0 Y0 Z20         使用绝对坐标方式编程,建立工件坐标系
N020 G00 X17 Y17 Z2 S800 M03      快速进给至X=19,Y=19,主轴正转,转速800 r/min
```

N030 G01 Z-2 F100　　Z 轴工进至 $Z=-2$
N040 M98 P1010 L3　　循环调用子程序 O1010 三次
N050 G91 G01 X62 F100　　使用相对坐标方式编程,直线插补,X 坐标增量 62
N060 Y6　　直线插补,Y 坐标增量 6
N070 X-62　　直线插补,X 坐标增量-62
N080 G90 G00 Z20　　Z 轴快移至 $Z=20$
N090 X0 Y0 M05　　快速进给至 $X=0,Y=0$,主轴停
N100 M30　　主程序结束

O1010　　子程序号
N010 G91 G01 X62 F100　　使用相对坐标方式编程,直线插补,X 坐标增量 62
N020 Y6　　直线插补,Y 坐标增量 6
N030 X-62　　直线插补,X 坐标增量-62
N060 Y6　　直线插补,Y 坐标增量 6
N070 M99　　子程序结束并返回主程序

4.4　DNC 与 FMS 技术

随着数控技术、计算机技术及网络技术的发展，出现了用一台或多台计算机数控装置进行集中控制多台机床的数控系统,即分布式数控系统(DNC,Distributed Numerical Control),也称为直接数字控制系统(DNC,Direct Numerical Control)。对用户来说,DNC 系统将多种通用的物理和逻辑资源进行整合,将数控加工车间作为一个统一的整体管理,从而实现加工任务的动态分配。

随着计算机技术的飞速发展以及数控机床的普及,机械加工具有了更大的灵活性,更适合中、小批量和多品种零件的生产。为实现多品种、小批量零件生产的自动化,基于若干台计算机数控机床和一台工业机器人协同工作,构成柔性制造单元(FMC,Flexible Manufacturing Cell),以便加工一组或几组结构形状和工艺特征相似的零件。在 FMC 的基础上,辅以一个物流自动化系统,将若干 FMC 或工作站连接起来实现更大规模的加工自动化,就构成了柔性制造系统(FMS,Flexible Manufacturing System)。

4.4.1　DNC 技术

4.4.1.1　DNC 基本概念

DNC 系统以计算机技术、通信技术、数控技术为基础,将数控机床与上层控制计算机集成,实现数控机床的集中控制和管理,方便了数控机床与上层控制计算机之间的信息交换。DNC 系统经历了三个发展阶段:20 世纪 60 年代,DNC 系统是直接数字控制(Direct Numerical Control)系统,又叫“群控系统”,将若干台数控设备直接连接在一台中央计算机上,由中央计算机负责数控程序的管理和传输,可以根据需要直接将程序传送给对应的数控机床;20 世纪 70 年代,DNC 系统发展成分布式数字控制(Distributed Numerical Control),将数控编程和生产管理计算机与多个数控系统构成分布式系统,实施分级控制,数控计算机直接控制生产机床,并与 DNC 系统主机进行信息交互,实现用一台计算机控制多台数控机床,使 DNC 的含义由直

接数控变为分布式数控;20世纪80年代,DNC系统发展成柔性DNC(FDNC,Flexible Distributed Numerical Control),FDNC系统不仅用计算机来管理、调度和控制多台数控机床,而且还与CAD/CAPP/CAM、物料输送和存贮、生产计划与控制相结合,形成了柔性分布式数字控制系统。

4.4.1.2 DNC系统的主要功能

现代DNC技术为实现数控机床与企业局域网之间的直接通信和产品加工信息的快速传递提供了技术支持,可有效提高数控加工质量,并提升车间的管理水平。基于DNC技术的系统具有以下主要功能和特点:

(1)数控程序的上传、下传、存储和管理。基于某种通信协议(如Philip532等),数控程序可以从机床端自动上传到计算机中,计算机会自动地为收到的程序文件命名;机床操作者可以从机床端向计算机发送文件请求命令,调用计算机内的数控程序,实现数控程序的双向传输。

(2)支持多台数控机床的并行在线加工。按照数控机床控制系统的内存空间大小,可将数控程序的执行方式分为两种:一种是先将数控程序输入机床,然后调出程序执行;另一种是先将机床与计算机连接,用机床的内存作为存储缓冲区,一边由计算机传送数控程序,一边由机床执行数控程序,这种加工方式称为机床在线加工。现代DNC系统可以根据工序计划,自动分配数控程序及数据到相应机床,同时支持多台机床的在线加工。

(3)支持子程序在线调用。现代DNC系统支持计算机中数控子程序的自动在线调用,完成在线加工。

(4)传输距离不受限制。得益于基于网络的通信技术,操作者可通过互联网完成对数控程序的传输与管理工作,查看车间内任一台机床的当前工作状态,实现机床状态的采集与上报,不受传输距离远近的限制。

(5)支持断点续传功能。断点续传是指数控程序被中断后,不必从程序的开始再次运行,而是根据需要从程序的某行或某一坐标点重新开始执行,例如,加工过程中发现刀具磨损,操作者停机换刀后,可继续加工过程。

4.4.1.3 DNC系统的组成结构

DNC系统的具体结构与系统的规模有关,用户可根据工厂的自动化程度、系统信息流的分配、加工对象的工艺要求、系统目标等来确定DNC系统的组成。一般来说,DNC系统是一种分级分布式控制系统,其结构如图4-10所示。底层的作用主要面向应用,用于完成规定的特殊任务;顶层的作用是控制与协调整个系统。

DNC系统由软件部分和硬件部分组成。硬件包括控制计算机、数控机床、通信线路、外存储器等。数控机床的控制系统还应具有RS-232等接口设备,为计算机直接控制数控机床提供必要的硬件环境。软件主要涉及通信、生产管理、零件数控自动编程等方面,包括实时多任务操作系统、DNC通信软件、DNC管理和监控软件、NC程序编辑软件和DNC接口管理软件等。

4.4.2 柔性制造系统

柔性制造系统(FMS)是指在成组技术的基础上,以多台数控机床或多组柔性制造单元为核心,通过自动化物料储运系统将其连接,统一由主控计算机和相关软件进行控制和管理,能适应加工对象变化的自动化制造系统。为满足零件多样化的需求,降低个性化、小批量零件的制造成本,产生了柔性制造单元FMC和柔性制造系统FMS技术。

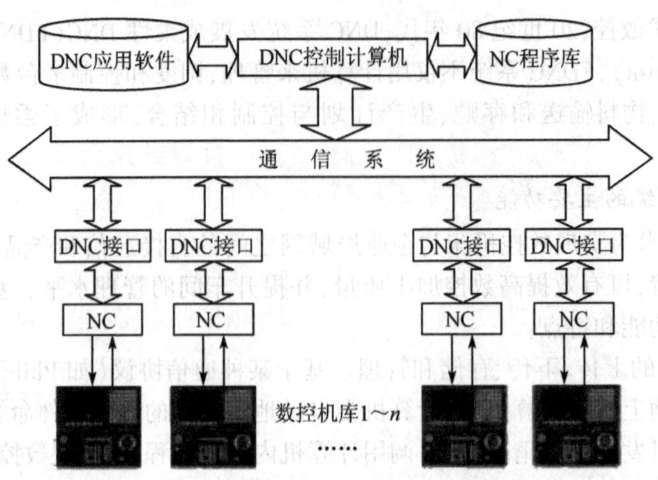

图4-10 DNC系统的一般结构

“柔性”是指制造系统适应生产条件变化的能力，即制造系统满足新产品要求的能力。FMS的柔性表现在机器柔性、工艺柔性、产品柔性、生产柔性、维护柔性和扩展柔性等方面。

FMS的工艺基础是成组技术，按照成组的加工对象确定工艺过程，选择相适应的数控加工设备和工件、工具等物料的储运系统，并由计算机进行控制，所以能自动调整并实现一定范围内多种工件的成批高效生产，即具有“柔性”，及时地改变产品以满足市场需求，适合于多品种、形状复杂、加工工序多、中小批量零件的生产。一般地，一个典型的FMS系统包含以下功能结构：

4.4.2.1 计算机控制系统

计算机控制系统用于处理柔性制造系统的各种信息，控制CNC机床和物料系统的自动操作，具有机床控制、生产控制、运输控制、工件运输监控、刀具监控等职能。

FMS计算机控制系统的结构组成形式多样，一般采用群控方式的递阶系统。第一级为各个工艺设备的计算机数控装置（CNC），控制各自的加工过程；第二级为群控计算机，负责把来自第三级计算机的生产计划和数控指令等信息，分配给第一级中有关设备的数控装置，同时把它们的运转状况信息上报给上级计算机；第三级是FMS的主计算机（控制计算机），其功能是制订生产作业计划，实施FMS运行状态的管理和各种数据的管理；第四级是全厂的管理计算机。

4.4.2.2 系统软件

系统软件用于确保柔性制造系统有效地适应中小批量零件的多品种生产管理、控制及优化工作，包括设计规划软件、生产过程分析软件、生产过程调度软件、系统管理和监控软件等。

性能完善的软件是实现柔性制造的基础。除支持计算机工作的系统软件外，FMS系统需要的软件更多的是根据使用要求和用户经验所发展的专门应用软件，典型的有控制软件，用于控制机床、物料储运系统、检验装置和监视系统等；计划管理软件，用于调度管理、质量管理、库存管理、工装管理等；数据管理软件，用于仿真、检索和各种数据库管理等。

4.4.2.3 加工系统

FMS的加工系统所采用的设备由待加工工件的类别决定，主要由加工中心或柔性制造单元（FMC）、数控机床和其他加工设备组成，主要完成车、铣、磨及齿轮加工等加工任务，可自动完成多种工序的加工。根据预期的生产性质,FMS 系统中的机床有“互补”和“互替”两种配置原则。“互补”是指在系统中配置有完成不同工序的机床,一个工件顺次通过这些机床完成加工;“互替”是指在系统中配置有相同的机床,以免整个系统因某机床故障而停工。FMS 加工系统支持将磨损刀具从刀库中取出逐个更换,也支持由备用的子刀库取代装满待换刀具的刀库。车床卡盘的卡爪、特种夹具和专用加工中心的主轴箱也可以自动更换。

4.4.2.4　物料储运系统

物料储运系统包括运送工件、刀具、冷却润滑液等加工过程所需物料的搬运装置及装卸工作站,用以实现工件及工装夹具等物料的自动供给和装卸,完成物料在工序间的自动传送、调运和存贮工作。物料储运系统是柔性制造系统的重要组成部分。储运系统搬运的物料包括毛坯、工件、刀具、夹具、检具和切屑等。常用的运输装置包括各种传送带、有轨和无轨小车、专用起吊运送机以及工业机器人等。储存物料的仓库有平面布置的托盘库,也有储存量较大的桁道式立体仓库。

毛坯一般先由工人装入托盘上的夹具中,并储存在自动仓库中的特定区域内,然后由自动搬运系统根据物料管理计算机的指令送到指定的工位。自动搬运系统包括两种形式:固定轨道式台车和传送滚道(适用于按工艺顺序布置设备的柔性制造系统),自动引导台车搬送物料的 FMS 系统(其与设备排列位置无关,具有较大灵活性)。

在 FMS 系统中,工件和夹具的存储仓库多为立体仓库,由仓库计算机进行控制和管理,记录在库货物的名称、货位、数量、重量等内容;接受中央计算机的出、入库指令,控制堆垛机和输送车的运动。在各设备之间的输送路线以直线往复式运输居多,多采用有轨小车和无轨小车(AGV)输送。小车上有托盘交换台,工件放在托盘上,托盘由交换台推上机床的工作台,以便对工件进行加工;加工好的工件连同托盘回到小车的交换台上,送至装卸工位卸下并装上新的待加工件。工业机器人可在有限的范围内为 1~4 台机床输送和装卸工件,在轨道上行走的机器人,可以同时完成工件的传送和装卸。对于较大的工件,常利用托盘自动交换装置(APC)来传送。

切屑运送和处理系统是保证 FMS 连续正常工作的必要条件,一般根据切屑的形状、排除量和处理要求来选择经济的运送方案。

刀具系统一般设有中央刀库,由机器人在中央和各机床的刀库之间进行输送和交换。刀具必须标准化和系列化,并有较长的寿命。FMS 系统应有监控刀具当前位置、刀具寿命和刀具故障的功能,以便及时更换刀具。

总之,柔性制造技术是集数控技术、计算机技术、机器人技术以及现代生产管理技术于一体的先进制造技术。FMS 系统可有效满足多品种、中小批量零件的生产要求,已成为机械制造业一个重要的发展趋势。作为一种高效率、高精度的制造系统,FMS 目前主要应用于汽车、飞机、机床以及某些家用电器行业。FMS 实现了装夹、测量、工况监测和质量控制等功能的自动化,大大提高了设备的利用率,保证了产品的加工质量。

4.4.3　柔性制造单元

柔性制造单元 FMC 的问世要比 FMS 晚,一般由 1~2 台数控机床、加工中心、工业机器人、物料传送装置等组成。单元内的机床在工艺能力上可以互相补充,可混流加工不同的零件,具有适应加工多品种产品的灵活性,有独立的工件储存站和单元控制系统,能在机床上自动装卸工件,甚至自动检测工件,可实现有限工序的连续生产,适用于加工形状复杂、加工工序简单、加工工时较长、批量小的零件。

FMC 具有对外接口,可组成 FMS,其本身也可视为一个规模最小的 FMS,是 FMS 向廉价化及小型化方向发展的一种产物,也是多品种小批量生产中机械加工系统的基本构成单元。其特点是可以实现单机柔性化及自动化,具有较大的设备柔性,迄今已进入普及应用阶段。

FMC 和 DNC 不同的是,DNC 重视的是信息的自动化程度,而 FMC 强调的是加工过程的自动化程度。

柔性制造单元 FMC 具有以下基本功能:

(1)自动化加工功能。在柔性制造单元中,必须有完成自动化加工的设备,如以车削为主的车削柔性制造单元,以钻、镗削为主的钻镗柔性制造单元等;同时还可以有完成其他加工,如端铣或钻削、攻螺纹加工等的设备,这些加工设备均由计算机控制,可自动完成加工。

(2)物料传输、存储功能。这是柔性制造单元与单台 NC 或 CNC 机床的显著区别之处。柔性制造单元配备有运送和存储物料所需的在制品库、物料传输装备及工件装卸交换装置,并具有刀具库和换刀装置。

(3)自动检验、测量和监视等功能。它可以完成刀具检测、工件在线测量、刀具破损(折断)或磨损检测、机床保护监视等工作。

(4)单元加工的其他功能,包括清洗、检验、切屑处理等。

FMC 既可以作为 FMS 的基础,也可以作为独立的自动化加工设备。由于 FMC 自成体系,占地面积小,成本低且功能完善,加工适应范围广,故可称为小型柔性制造系统。

4.5 习题

1. 数控技术的概念。
2. 简述数控机床的组成和种类。
3. 点位控制系统和轮廓控制系统有何区别?
4. 简述数控机床的特点、功能及应用范围。
5. 简述数控编程的概念与内容。
6. 简述数控加工程序的格式与主要指令代码。
7. 简述数控编程的一般步骤。
8. 简述 DNC 的概念与其主要功能。
9. 什么是 FMS? 它由哪些部分组成?

第 5 章　计算机辅助数控加工过程仿真

5.1　Pro/NC 辅助加工概述

Pro/ENGINEER Wildfire 作为一个集成化的 CAD/CAE/CAM 软件，提供了功能强大的自动图像编程技术。该功能由软件中的 Pro/NC(制造)模块来完成。该模块能进行生产过程规划，并将生产过程规划与设计造型连接起来。它采用参数化的方法定义数控路径，对模型进行加工和后置处理，生成能够驱动机床运动的数控程序；同时还可以使用图形技术对加工过程进行显示，用不同的颜色代表刀具路径、刀具、夹具等不同部分。仔细观察加工过程的每一步，并根据显示结果及时做出修改，得到最合理的加工方式，这样可以极大地缩短加工的时间，提高工作效率。

Pro/NC 模块中包括如表 5-1 中所列出的各种加工方式，能够完成数控车床、数控铣床、数控电火花、加工中心等加工。本章将主要以铣床和车床加工为例说明使用 Pro/ENGINEER Wildfire 软件进行自动编程的过程。

表 5-1　Pro/NC 模块及应用范围

模块名称	应用范围
Pro/NC-MILL	两轴半铣床加工 三轴铣床及钻孔加工
Pro/NC-TURN	两轴车床及钻孔加工 四轴车床及钻孔加工
Pro/NC-WEDM	两轴及四轴电火花加工
Pro/NC-ADVANCED	两轴半至五轴铣床及钻孔加工 两轴及四轴车床及钻孔加工 铣床、车床加工中心 两轴及四轴电火花加工

5.2　Pro/NC 工作界面及基本概念

Pro/NC 是 Pro/ENGINEER 软件中用于计算机辅助数控加工的模块，能够生成驱动数控加工零件所必需的数据和信息，可以实现数控车削、铣削、线切割等加工的全过程仿真。由于 Pro/ENGINEER 具有强大的三维造型能力，各个模块之间是无缝连接和切换的，因此，使用 Pro/ENGINEER 进行计算机辅助数控加工无疑是极佳的选择。

5.2.1　Pro/NC 工作界面

启动 Pro/ENGINEER 软件后，选择“文件” →“新建”命令，打开如图 5-1 所示的“新建”对话框,在“类型”栏中选择“制造”项,在“子类型”栏中选择“NC 组件”项,可以取消“使用缺省模板”复选框的勾选,单击“确定”按钮后,打开如图 5-2 所示的“新文件选项”对话框,选择最下方的公制模板“mmns_mfg_nc”项,单击“确定” 按钮后,即可进入如图 5-3 所示的 Pro/NC 工作界面。

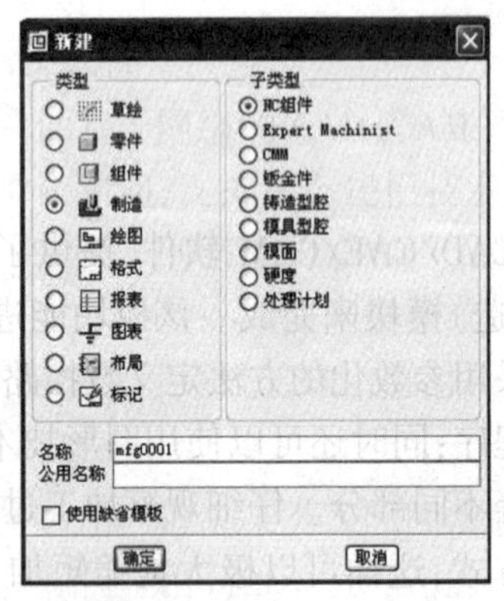

图 5-1 “新建”对话框

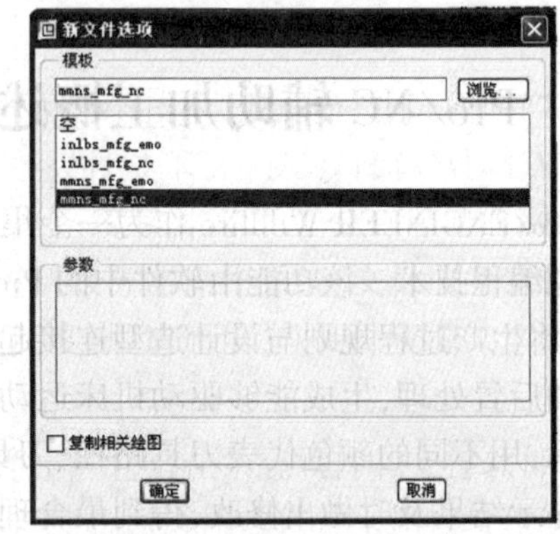

图 5-2 “新文件选项”对话框

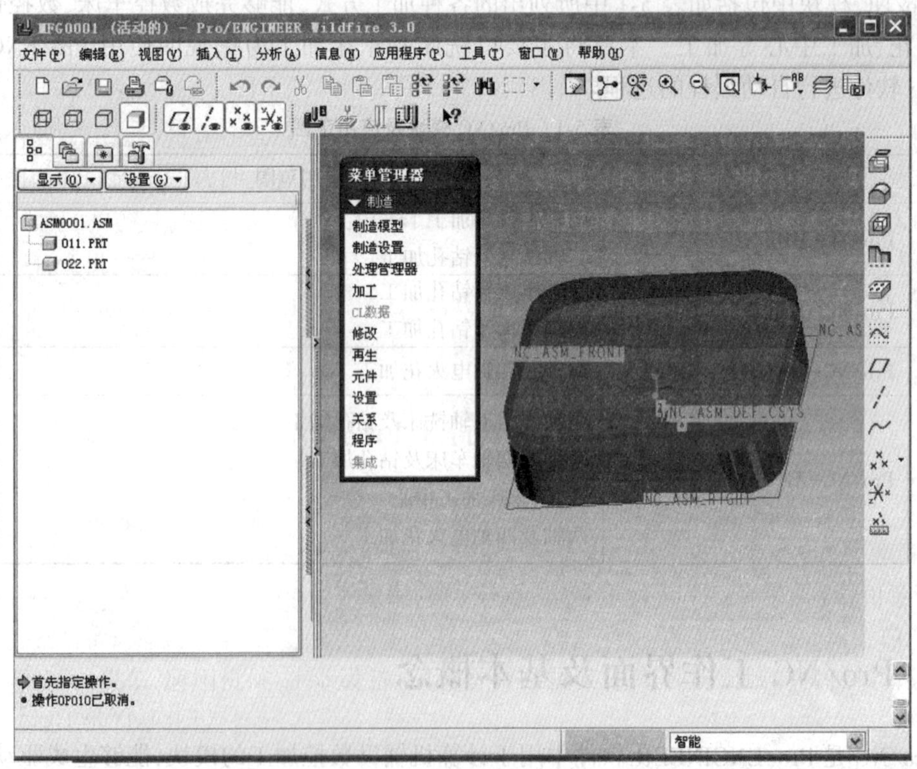

图 5-3 Pro/NC 工作界面

5.2.2 Pro/NC 基本概念

5.2.2.1 参考模型

参考模型即毛坯加工后成品零件的三维实体模型——设计模型,它是所有制造操作的基础。参考模型可以在零件造型模块中生成,也可以在 Pro/NC 模块中直接创建。在参考模型上可以选取特征、曲面和边作为刀具轨迹的参照，所以在加工前，首先必须依据零件的几何尺寸准确地建立设计模型。

5.2.2.2　工件模型

工件即工程上所说的毛坯，是根据设计模型的几何形状选定的进行加工的对象模型，如铸件和杆件等。原则上，工件的形状是任意的，但在实际加工中，要根据加工工艺和设计成本的要求对工件的形状进行合理的设计。在 Pro/NC 模块中，通常采用复制模型、修改尺寸、删除/隐藏特征的方法来获得工件模型。工件也是一个零件，任何适用于其他零件的修改和重定义操作同样适用于工件。

5.2.2.3　制造模型

制造模型一般由参考模型和工件模型通过装配关系组合而成。随着加工过程的进行，材料的切削过程可以在工件模型上模拟，在加工过程结束时，工件模型与参考模型的几何尺寸达到一致。如果不涉及材料的去除，则不必定义工件。制造模型的复杂程度是由加工需要决定的，可以包括多个参照模型和工件，还可以包括其他必要的元件。例如，在要考虑刀具与其他设备的干涉时，则要加入转台或夹具的几何数据。

5.2.2.4　制造设置

制造设置是指在进行刀具轨迹数据规划前对加工操作环境的设置，包括操作环境设置数据所规划的各项名称、加工机床、坐标系、退刀平面、刀具、夹具等相关数据。在主菜单上单击“制造设置”命令，随后会弹出如图 5-4 所示的下一层级的“制造设置”菜单。单击各个命令可分别设置相应内容。

5.2.2.5　操作

操作是指在同一个机床上执行并使用相同的特定坐标系，用于 CL(Cutter Location)数据输出的一个或多个 NC 序列。因此必须先设置操作，然后才可以开始创建 NC 序列。操作包含操作名称、使用的机床、CL 数据产生和输出的坐标系、退刀曲面、制造参数等信息特征。在创建了一个操作之后系统将一直激活该操作，直到创建或激活另一操作为止。

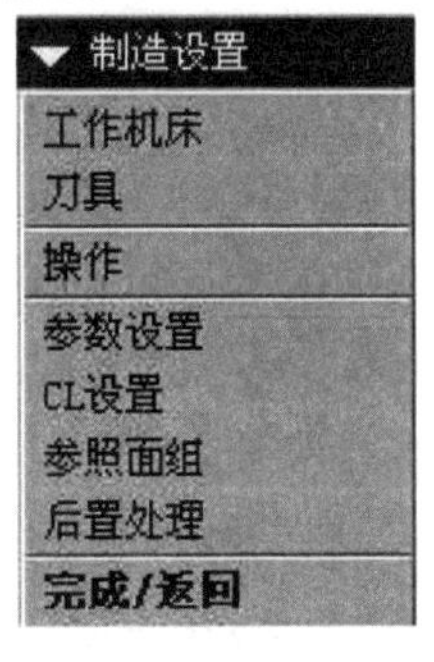

图 5-4　“制造设置”菜单

5.2.2.6　NC 序列

NC 序列是表示每个刀具路径的加工特征。刀具路径由“自动切削”运动(即实际切削工件材料时的刀具运动、进刀、退刀、连接移动)、附加 CL 命令和后处理器三部分组成。

NC 序列设置包括序列名称、刀具、制造参数、序列坐标系、退刀曲面等内容。这些参数一旦设置将一直有效，直到重新修改相关的数据。通常，必须为每个特定 NC 序列指定切削几何并调整制造参数。如果在完成序列设置前选择了“定制(Customize)”，系统将自动调用适当的界面，帮助用户完成设置。

5.2.2.7　退刀面

退刀面是指切削后刀具要退回到的水平面。在实际加工中为了防止刀具轨迹在不同加工区域之间移动时与工件或其他加工设备发生碰撞，需要对退刀平面进行规划设计。根据加工需要，可指定退刀曲面为平面、圆柱面、球面或定制曲面。可在操作级上指定退刀面，如果需要可在 NC 序列级上修改。

指定了操作退刀曲面后,刀具将沿该曲面从一个序列的终止点横移到下一序列的起始点。退刀曲面设置是模态的,即在指定后,只要适用于 NC 序列类型,对所有随后的 NC 序列都保持不变,直到改变它为止。

5.3 Pro/NC 加工流程

在 Pro/NC 中加工过程设置流程与实际加工的思维逻辑相似,如图 5-5 所示。加工过程设置流程依次为:首先创建加工所需要的参照模型与工件,并使用装配的方法把它们装配在一起,生成加工所需的制造模型;根据要加工的零件表面设置操作,选择合适的机床、加工刀具和夹具等,即进行加工环境的设置;在操作数据设置好之后,便可进行加工工序的具体定义,此时应根据实际的加工选择合适的走刀方式、设置相关的参数,系统根据选择的走刀方式自动计算出加工刀具的轨迹,并生成刀位文件;但刀位文件不能直接用来驱动机床进行数控加工,因此必须进行后置处理,后置处理时要根据所使用的机床,选择对应的后置处理程序,从而生成能够应用于生产的数控加工程序;最后将此程序传输到数控机床,完成实际的加工操作。

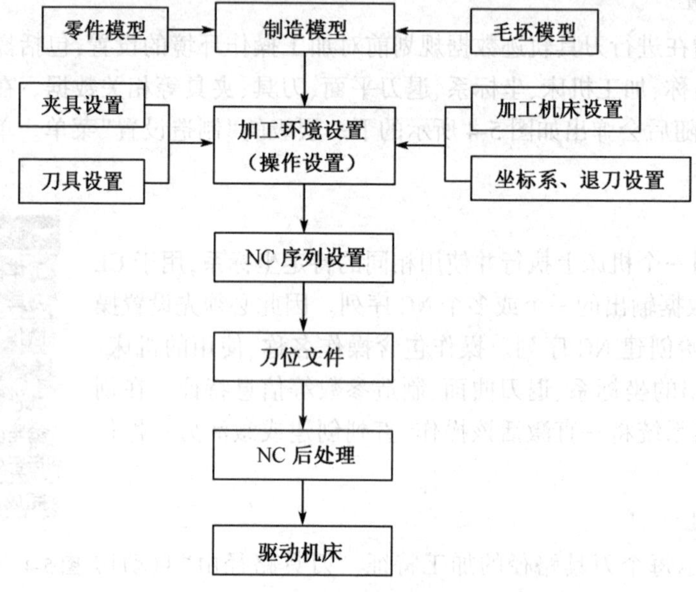

图 5-5　加工过程设置流程

5.3.1 加工过程设置

Pro/NC 模块提供了非常多的零件加工方法和相对应的数控加工参数。下面以平面铣削为例介绍生成 NC 序列的相关过程设置。

5.3.1.1 制造设置

在生成加工 Pro/NC 序列前,需要对加工的操作环境进行设置。

创建参照模型与工件,装配生成加工所需的制造模型之后,选择菜单管理器中“加工”项,系统打开“操作设置”对话框,如图 5-6 所示。在“操作设置”对话框中,可以对操作名称、工作机床、刀具、夹具、加工零点和退刀曲面等基本数据进行设置。

操作名称默认的操作名格式为“OP010”“OP020”，数字是由系统自动递增的，亦可由用户在文本框中输入自定义的操作名称。

图 5-6 “操作设置”对话框

(1)定义加工机床

单击“NC 机床”项右侧的“ ”按钮，系统弹出如图 5-7 所示的“机床设置”对话框，在此对话框中可以设置机床名称、机床类型、机床轴数、切削刀具及切削用量等加工参数。其中“输出”选项卡用于设置后处理器及 CL 命令；“主轴” 选项卡用于设置刀具主轴的最大转速及功率；“进给量” 选项卡用于设置机床快速进刀的速度与单位；“行程” 选项卡用于设置机床 X、Y、Z 轴的最大和最小行程；“切削刀具” 选项卡用于设置刀具参数；“定制循环” 选项卡用于加工中循环的设置；“注释” 选项卡对工作机床的设置进行相关的说明。

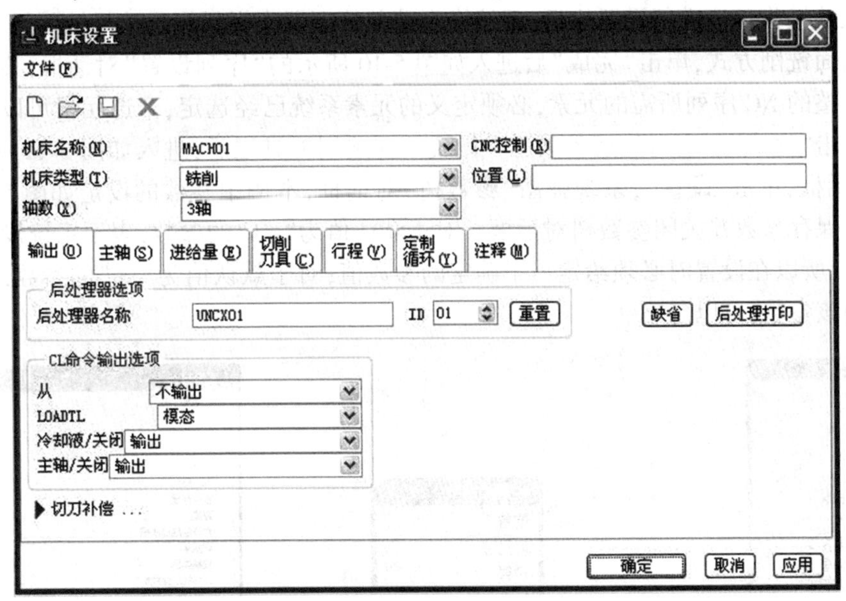

图 5-7 “机床设置”对话框

(2)定义加工零点

首先，利用菜单中的“插入” →“模型基准”→“坐标系”命令创建制造坐标系，注意调整新建坐标系 ACSO，使其方位和机床坐标系的规定一致。然后单击“加工零点”右侧的箭头，系统会提示用户选择制造坐标系。选择新建坐标系 ACSO，即可获得如图 5-8 所示的建立制造坐标系后的制造模型。

(3)建立退刀曲面

当在多个区域间加工时,每完成一个区域,刀具需要退离工件一定高度,移动到下一区域再进刀加工。退刀面定义了刀具一次切削后所退回的位置。退刀面可以是平面或球面、圆柱面等曲面,其具体的形状与位置由加工工艺的需要决定。单击“退刀曲面”右侧的箭头,系统弹出如图 5-9 所示的“退刀选取”对话框,本例选取“沿 Z 轴”输入深度为 2 的方式创建退刀曲面。

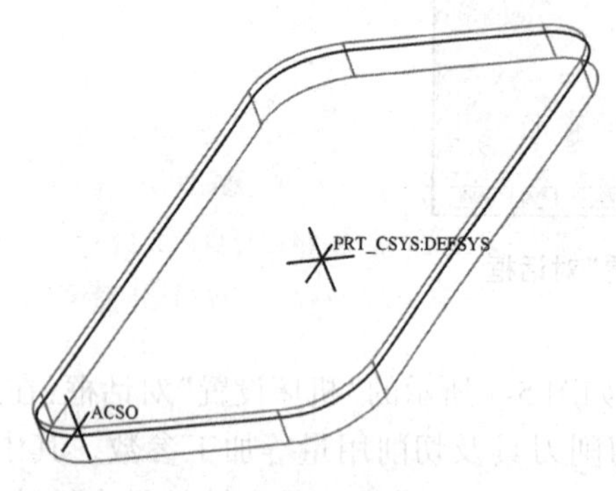

图 5-8　制造坐标系后的制造模型

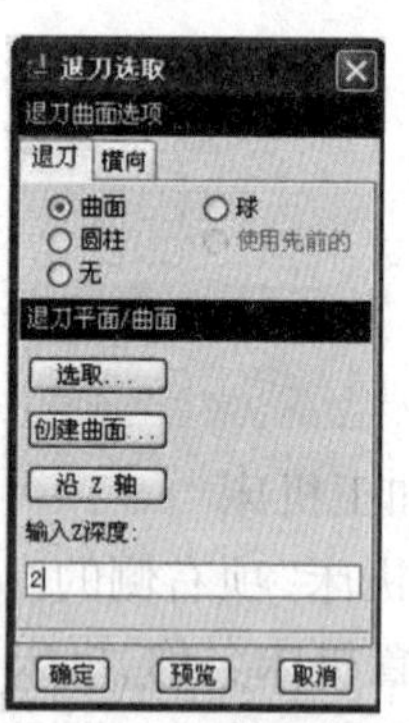

图 5-9　创建退刀曲面

5.3.1.2　创建 NC 序列

(1)NC 序列工艺参数设置

对加工的操作环境进行设置之后,系统会在菜单管理器中提示用户选择铣削加工的方式,选择 3 轴表面铣削方式,单击“完成”后进入如图 5-10 所示的“序列设置”对话框,菜单罗列了创建一个完整的 NC 序列所需的元素,必须定义的元素系统已经选定,未选元素可以采用系统默认值。单击“完成”后会对勾选各项逐一设置。在选用刀具之后,进入如图 5-11 所示的“制造参数”对话框,单击“设置”,系统弹出“参数树”对话框,本例中参数的设定如图 5-12 所示。设定完毕后保存参数并关闭参数树对话框。对于默认值为“-1”的参数,表示系统没有提供默认的参数值,所以在设置时必须给定一个确定的参数值;对于默认值为“—”的参数,表示系统将不会启用该参数,可以忽略。

图 5-10　“序列设置”对话框

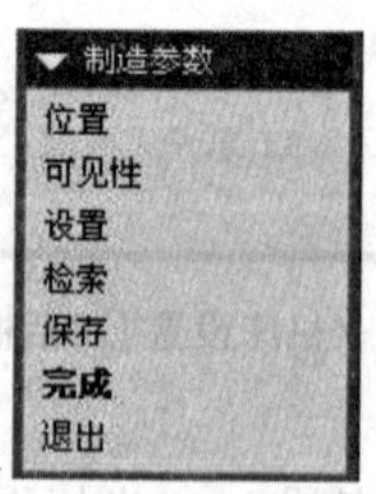

图 5-11　“制造参数”对话框

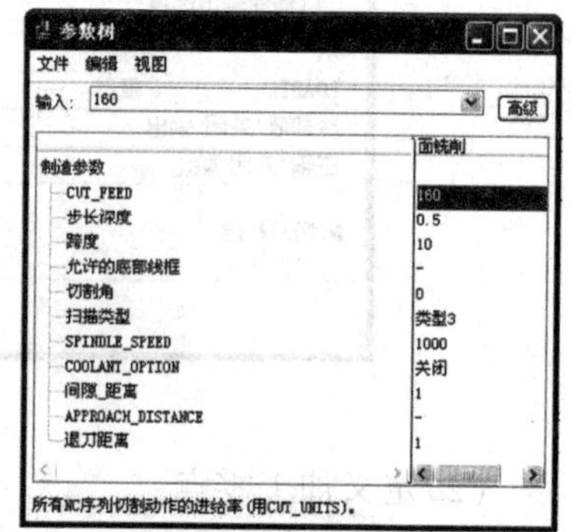

图 5-12　“参数树”对话框

(2)加工面设置

在工艺参数设置完成后,系统弹出“曲面拾取”对话框,如图 5-13 所示,提示确定加工表面;选择对话框中“模型”项,单击“完成”进入“选取曲面”对话框,如图 5-14 所示,选择“添加”,用鼠标点取参考模型的上表面,单击“完成/返回”,完成平面铣削加工设置。

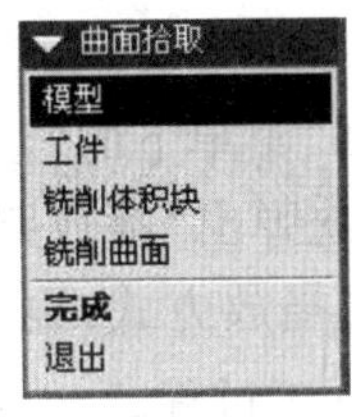

图 5-13　“曲面拾取”对话框

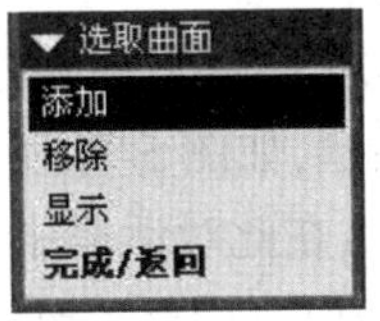

图 5-14　“选取曲面”对话框

5.3.2　后置处理和加工仿真

5.3.2.1　后置处理

Pro/NC 生成 ASCII 格式的刀位 CL 数据文件,由刀具在完成加工过程中所经过位置的坐标值组成,该文件不能直接用来驱动数控机床进行加工,因此将刀位文件转化成特定的数控机床能够识别的数控程序的过程叫作后置处理。

由于数控系统没有一个完全统一的标准,不同厂家采用不同的数控代码,为了使 Pro/NC 所生成的刀位数据能够适应不同的机床,需要将不同厂商机床数控系统的设置参数都保存在选配文件中。Pro/NC 配置有目前比较知名的厂家的后处理文件,如仍不能满足用户需要,则需自行创建或修改选配文件。Pro/NC 使用的后处理模块可以通过设置配置文件中的“ncpost_type”参数来选择,系统默认的是由 Intercim Corporation 提供的 G-Post(TM)后处理器。

在“制造”菜单中选择“CL(CL Data)数据”命令,再选择“后置处理”,可以对已经生成的 CL 文件进行后置处理,此时的后置处理选项菜单如图 5-15 所示。单击“完成”,系统弹出后置处理列表,如图 5-16 所示。选择一种后置处理器,可以生成“ *. tap”格式的文件,用来进行数控加工。

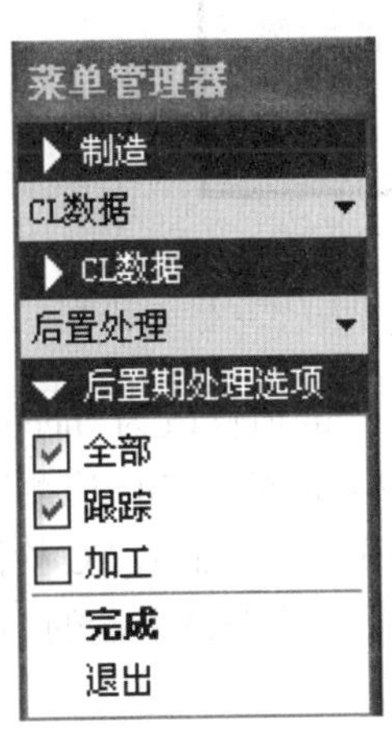

图 5-15　后置期处理选项菜单

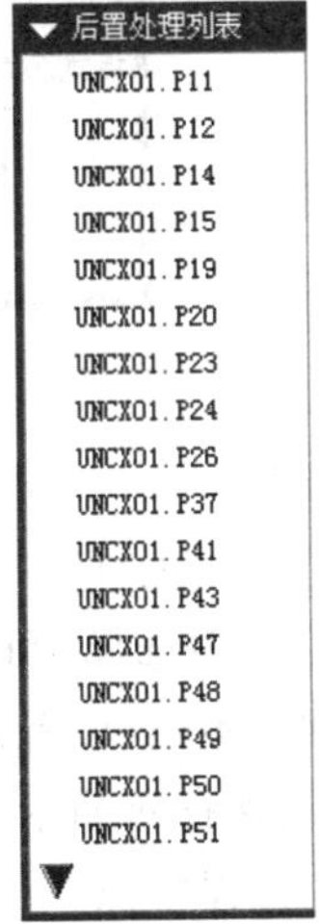

图 5-16　后置期处理列表选项

5.3.2.2 加工仿真

可在NC序列完成之前对加工进行全仿真,从而校验刀具路径,并对模型特征与夹具的干涉进行可视化检测。Pro/NC模块中的仿真模拟主要包括屏幕演示、NC检测和过切检测三大部分。

(1) 屏幕演示

在创建设置加工序列后,通过如图5-17所示的"NC序列"菜单下的"演示轨迹"命令打开"演示路径"对话框,如图5-18所示;选择"屏幕演示"项,系统弹出"播放路径"播放路径对话框如图5-19所示,在此对话框中选择加速、减速、前进、后退播放方式,也可以修改刀具的间隙、刀具的放置位置等信息。单击"▶"图标按钮模拟刀具加工过程。

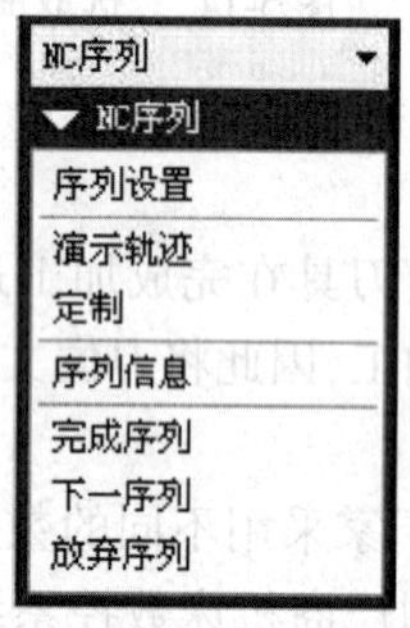

图5-17 "NC序列"对话框

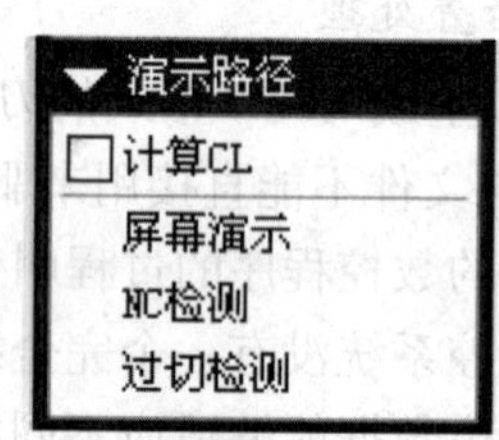

图5-18 "演示路径"对话框

图5-19 "播放路径"对话框

(2) NC检测

首先,将主菜单"工具" →"选项"中的参数"nccheck_type "的值修改为"nccheck",然后在"演示路径"对话框中选择"NC检测"项,则系统弹出如图5-20所示的"NC检测"对话框。该对话框中含有如下各项:设置检测的解析度;检测所设置的裁剪平面;显示NC检测的文件名、颜色和刀具查看;保存所演示的检测结果以及恢复与界面设置。单击最下端的"运行"命令进行三维实体加工过程模拟。

(3) 过切检测

过切检测是加工仿真的重要组成部分,在“演示路径”对话框中选择“过切检测”项,则系统弹出如图 5-21 所示的“过切检测零件选择”菜单,提示用户选择将要进行过切检测的零件曲面。确定检测曲面后,系统弹出“过切检测”菜单,单击“运行”命令进行过切检测,在主界面及信息窗口显示过切检测的结果。

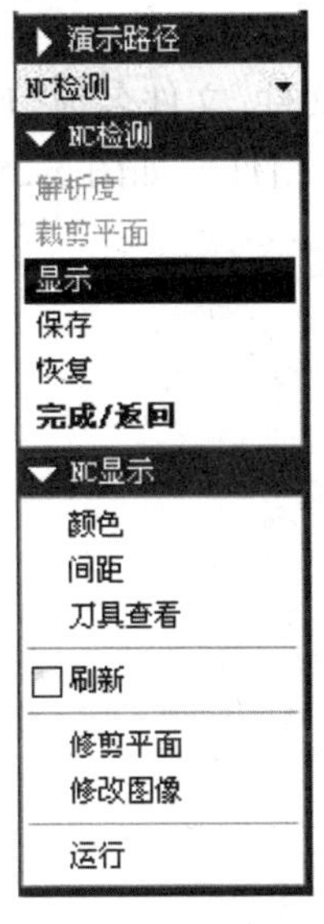

图 5-20　“NC 检测”对话框

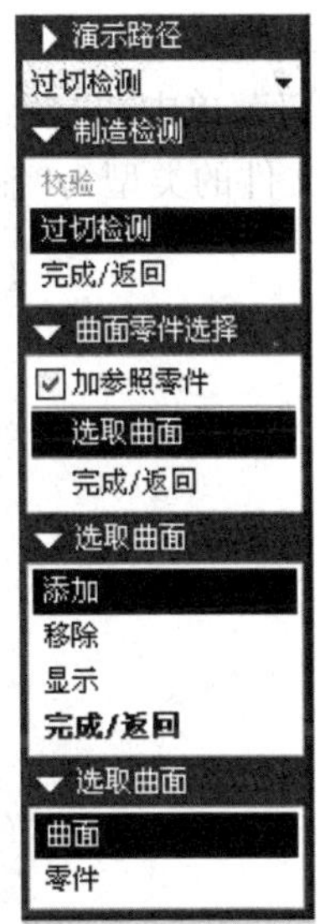

图 5-21　“过切检测零件选择”菜单

5.4　Pro/NC 加工实例

5.4.1　铣削平面

平面加工主要用来加工面积较大的平面或者平面度要求较高的平面,通常使用端铣刀或盘铣刀配合适当的加工参数进行加工。

本实例要加工如图 5-22 所示的立方体上表面。图 5-23 和图 5-24 分别为毛坯模型和组合在一起的制造模型。

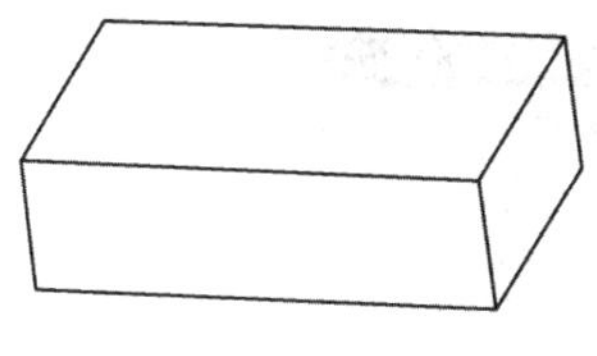

图 5-22　零件模型

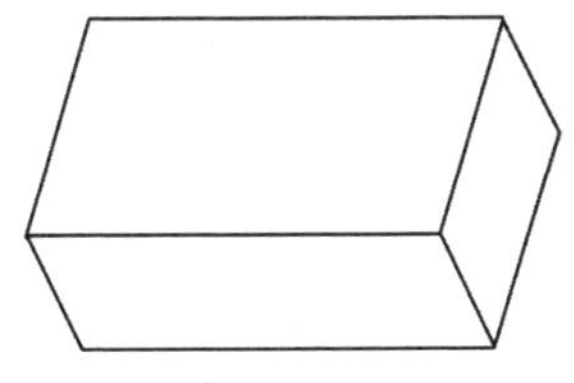

图 5-23　毛坯模型

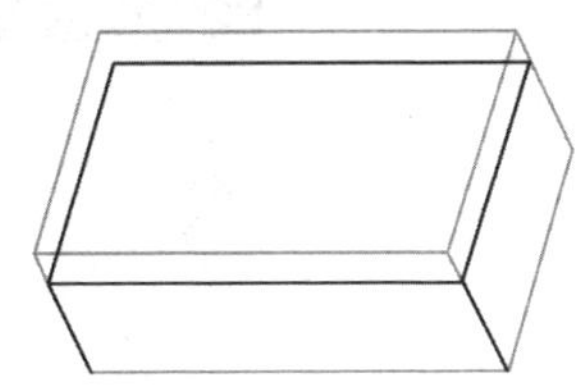

图 5-24　制造模型

5.4.1.1　建参考模型

使用缺省模板,创建一个文件名为"face"的零件模型,如图5-22所示,保存零件模型。

5.4.1.2　创建毛坯模型

使用缺省模板,创建一个文件名为"workpiece1"的毛坯模型,如图5-23所示,保存毛坯模型。

5.4.1.3　创建加工文件

单击"文件"菜单中的"新建"命令,创建一个新的文件,文件名为"Face"。在新建对话框中一定要选择文件的类型为"制造",选择子类型为"NC组件",如图5-25所示。

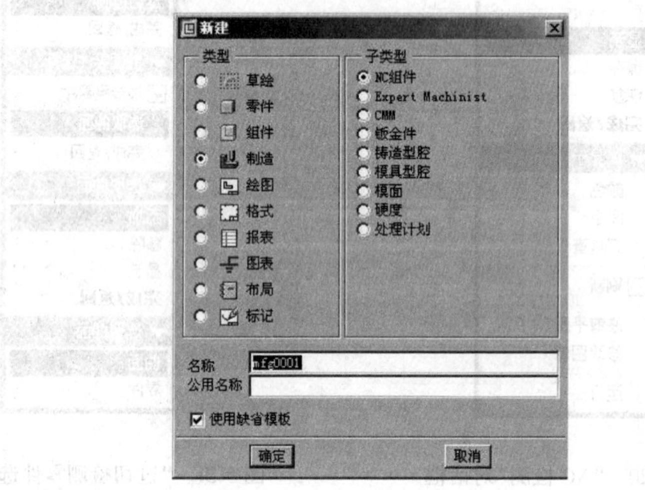

图5-25　"新建"对话框

5.4.1.4　创建制造模型

制造模型的创建过程,实际上是零件模型(参考模型)和毛坯模型(工件)之间的装配过程。具体过程为:

(1)单击"制造"菜单中的"制造模型"命令,系统显示如图5-26所示的"制造模型"菜单。

(2)单击"制造模型"菜单中的"装配"命令,进行零件装配。弹出"制造模型类型"菜单,如图5-27所示。

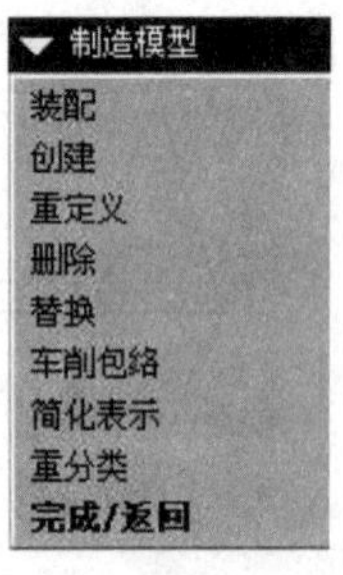

图5-26　"制造模型"菜单

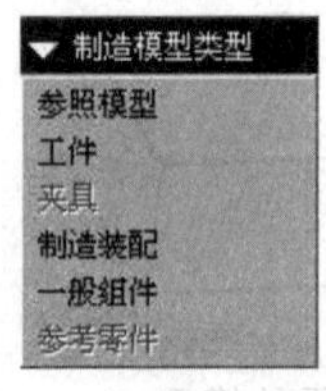

图5-27　"制造模型类型"菜单

(3)调出零件模型。单击"制造模型类型"菜单中的"参照模型"命令,系统显示"打开"对话框。选取刚才创建的零件模型(face.prt),并打开该零件模型。系统自动把该零件调入当前的制造模型中,并将其作为加工文件的一个组件。

(4)调出毛坯模型。单击“制造模型类型”菜单中的“工件”命令,系统显示“打开”对话框。选取刚才创建毛坯模型(workpiece1. prt),并打开该零件模型。系统自动把该零件调入当前的制造模型中,并将其作为加工文件的一个组件。

(5)装配模型。两个模型都调入加工模型之后,弹出如图 5-28 所示的“元件装配操控”对话框。在其中选择坐标系的约束类型,使用零件模型和毛坯模型中的缺省坐标系进行装配,单击对号,返回到“制造模型”菜单。

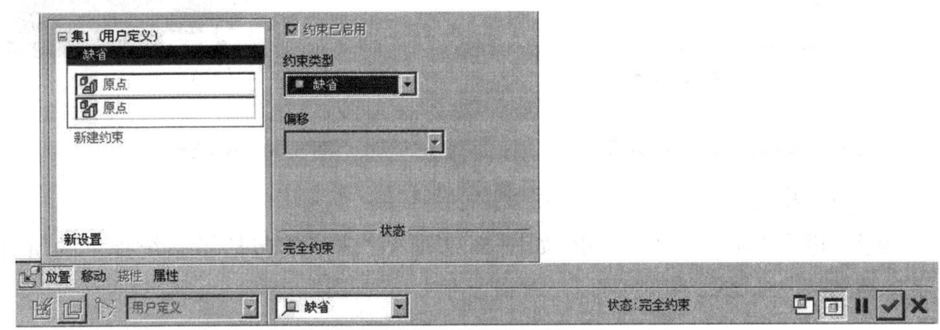

图 5-28　“元件装配操控”对话框

5.4.1.5　进行操作设置

在“制造”命令菜单中单击“模型设置”命令,然后选择“操作”命令;或者在“操作”命令菜单中单击“加工”,然后选择“操作”命令进行操作设置。如图 5-6 所示,设置机床、加工零点和退刀面。

(1)设置机床。一个三轴铣床即可满足加工一个平面的要求。机床的其他选项使用缺省设置即可。

(2)设置加工零点。加工零点的设置可以通过创建、选择坐标系来实现。

为了设置加工零点,需创建一个新的坐标系。单击菜单中的“插入”→“模型基准”→“坐标系”,系统弹出如图 5-29 所示的“坐标系创建”对话框,创建坐标系 ACSO。对于铣削加工来说,坐标系中的 Z 坐标轴方向必须是铣削刀具的进给方向,因此需要在图 5-29 中选择“定向”选项卡,改变坐标轴的方向。使用零件模型的前表面定义 Y 坐标轴,模型的左侧面定义 X 坐标轴,单击“Flip”按钮可以使坐标轴反向。Z 坐标轴的方向由 X、Y 坐标按右手定则得到。设置好的坐标系如图 5-30 所示。单击“确定”,完成坐标系设置。然后单击“加工零点”右侧的箭头,系统会提示用户选择坐标系。选择新建坐标系 ACSO 即可。

(3)设置退刀面。单击“操作设置”对话框中“加工零点”右侧的箭头,系统显示“退刀选取”对话框,如图 5-31 所示。单击窗口中的“沿 Z 轴”按钮,在“输入 Z 深度”下面的文本框中输入数值为 25,单击“确定”按钮。此时系统自动生成加工的退刀平面。

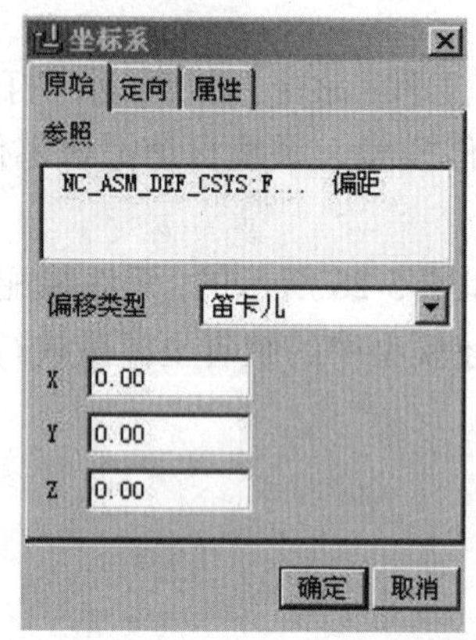

图 5-29 “坐标系创建”对话框

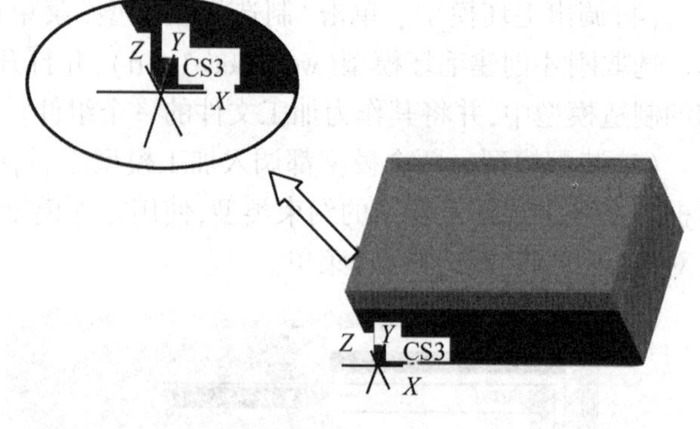

图 5-30 坐标系

5.4.1.6 设置 NC 序列

单击“操作”进入“辅助加工”菜单，如图 5-32 所示，该菜单包括了系统提供的所有加工方法。

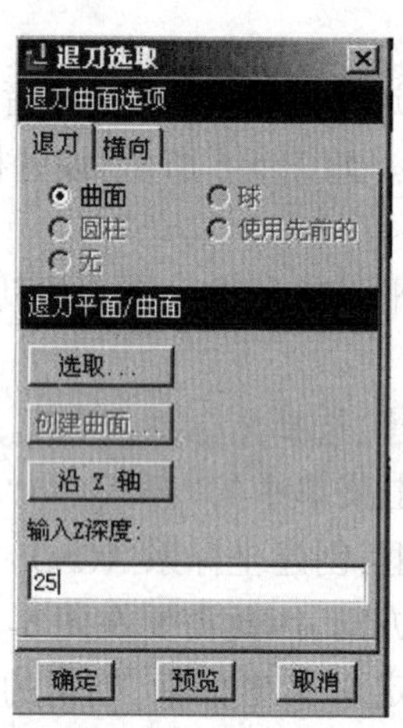

图 5-31 “退刀选取”对话框

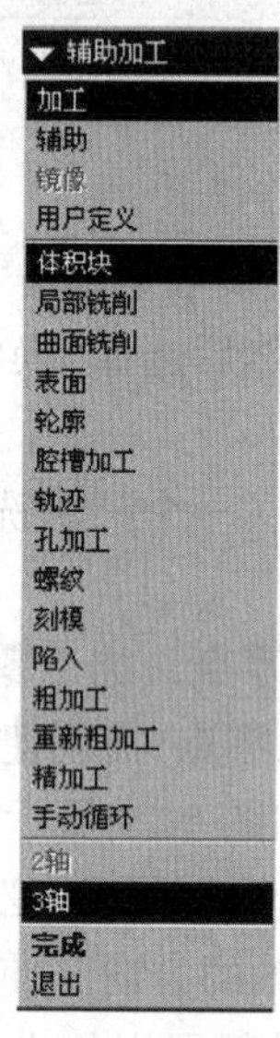

图 5-32 “辅助加工”菜单

(1)设置加工方式为平面加工。使用缺省的“加工”选项，选择加工的方式为“表面”，单击“完成”，完成平面加工方法的设置。

(2)设置平面加工参数。在图 5-10 所示的“序列设置”菜单中，勾选“名称”复选框，并接受其他的默认选项，单击“完成”。

(3)在信息框中输入该序列的名称“Face”。如果一个操作中包括了多个 NC 序列，可以通过序列名区分各个序列的内容。

(4)设置刀具。加工平面可以使用端铣刀，刀具参数设置如图 5-33 所示。单击“应用”按钮将设置的刀具应用到加工中。在“文件”菜单下选择“保存”命令保存刀具设置，并单击“确定”退出刀具设定窗口。

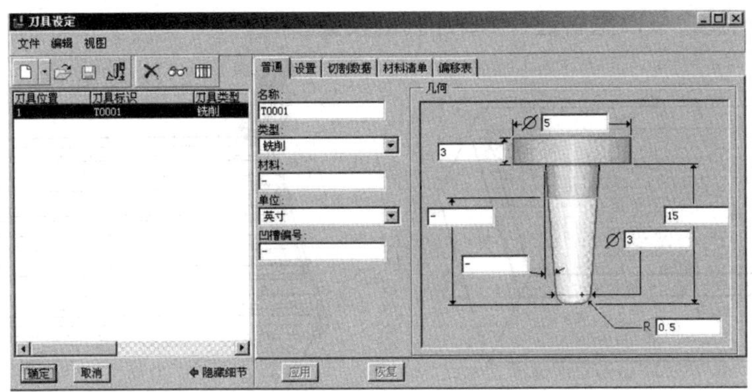

图 5-33　设置的刀具参数

(5)设置加工工艺参数。系统弹出图 5-11 所示的“制造参数”对话框。在其中单击“设置”命令,直接设置加工工艺参数。系统弹出“参数树”对话框。加工参数主要包括主轴转速、走刀速度、每次的加工深度等。“参数树”对话框中所有值为-1 的选项都是必须设置的选项。按照如图 5-34 所示设置加工参数。单击“文件”菜单下的“退出”选项,退出加工参数设置窗口。(“文件”菜单下有两个“退出”命令,上面的“退出”命令退出窗口并使用窗口设置的参数值;而下面的“退出”命令表示终止参数设置。)在“制造参数”菜单中单击“确定”选项,完成加工工艺参数设置。

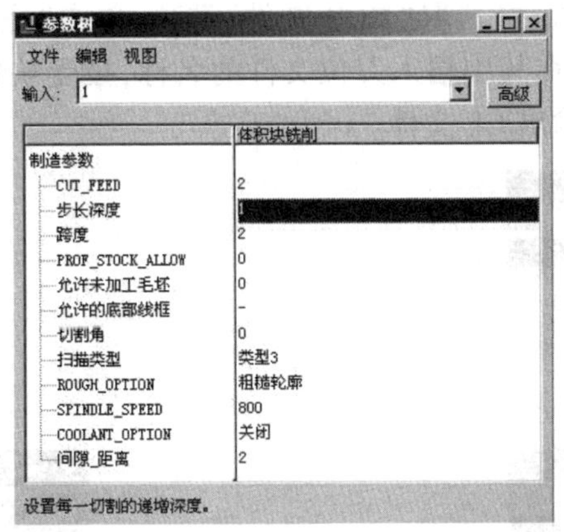

图 5-34　加工工艺参数

(6)选择加工平面。系统显示“选择平面”菜单。在其中选择“模型”命令,使用零件模型中的表面定义加工平面。在图形窗口中选择零件模型的上表面为加工平面,如图 5-35 所示。单击“确定”,完成加工平面的设置。

5.4.1.7　演示加工轨迹

(1)使用屏幕演示刀具加工轨迹。在“演示路径”菜单中选择“屏幕演示”,使用缺省的设置,单击“确定”。系统自动计算并显示平面的加工走刀轨迹,如图 5-36 所示。

(2)也可以将加工过程进行仿真。在“演示路径”菜单中选择“NC 检测”,系统显示“NC 显示”菜单,单击“进行”,系统进行加工仿真。

(3)修改序列参数。根据屏幕显示的结果或者加工仿真的结果,在“NC 序列”菜单中单击

“序列设置”命令,用户可以重新进行 NC 序列的设置。

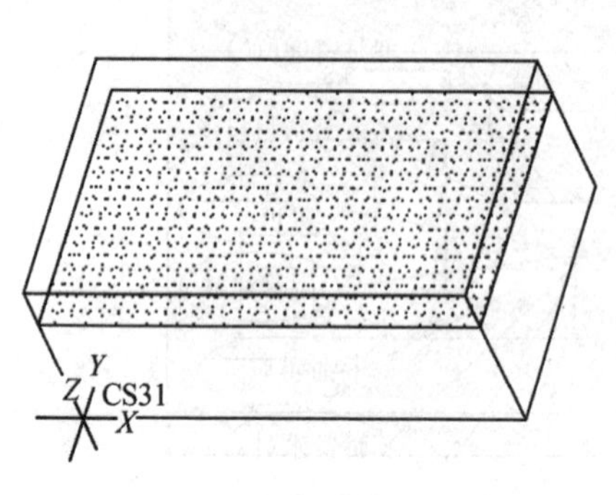

图 5-35　加工平面

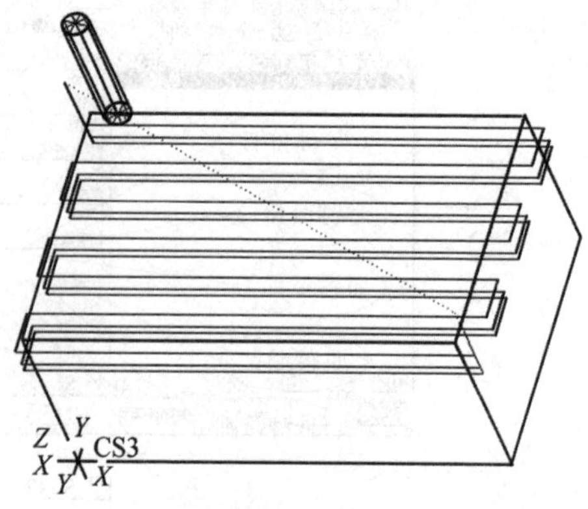

图 5-36　屏幕演示

在菜单中单击“完成序列”命令可以完成并保存序列设置。

5.4.1.8　生成 CL 数据文件

在“制造”菜单中单击“CL 数据”命令,系统弹出图 5-37 所示的“CL 数据”菜单。单击“输出”命令,弹出“输出”菜单。使用缺省的“选取一”命令,并在“选取特征”菜单中单击“NC 序列”命令,选中刚才设置的“Face”序列,单击“完成”。

系统弹出“路径”菜单。在其中选择“文件”命令,系统弹出图 5-38 所示的“输出类型”菜单,接受缺省的文件格式设置,并选取“MCD 文件”选项,单击“完成”完成输出方式的设置。系统弹出“另存为”对话框。在其中输入刀位文件的名称,接受缺省的文件格式“ *. ncl”,单击对话框中的“确定”按钮,输出 CL 文件。

图 5-37　“CL 数据”菜单

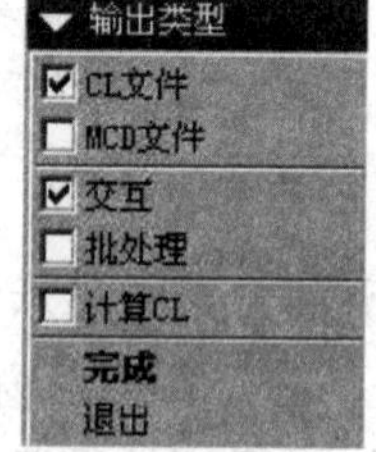

图 5-38　“输出类型”菜单

5.4.1.9　后置处理

在“CL 数据”菜单中选择“后置处理”命令,系统显示“打开文件”对话框。在其中选择刚刚生成的“face. ncl”文件,单击“打开”按钮。系统弹出“后置期处理选项”菜单,如图 5-15 所示;使用默认的选项,并单击“完成”,系统弹出“后置处理列表”菜单,如图 5-16 所示。该菜单显示了系统提供的所有后置处理器。用户根据自己使用的数控机床选择合适的后置处理器,例如选择"UCNX31. P12"。选取完毕之后,系统自动生成 NC 文件。文件名与所选择的刀位文件名相同,文件的格式为" *. tap"。该文件可以用来驱动数控机床进行加工。打开刚才生成的"face. tap"文件,如图 5-39 所示。

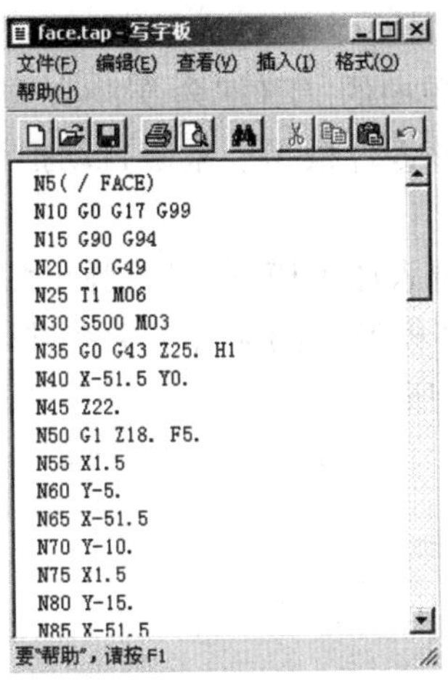

图 5-39　生成的数控文件

5.4.2　铣削轮廓

轮廓加工主要用来加工零件的外围轮廓,通常作为精加工的方法使用,也可以作为粗加工的方法使用。轮廓加工采用等高的方式沿着轮廓曲面几何形状进行分层加工。在 Pro/ENGINEER 中轮廓加工利用"辅助加工"菜单中的"轮廓"命令完成。

本实例要加工如图 5-40 所示的零件模型的外侧形状。

5.4.2.1　创建参考模型

使用缺省模板,创建一个文件名为"Profile"的零件模型。零件模型可使用拉伸特征创建,拉伸特征如图 5-40 所示。保存零件模型。

5.4.2.2　创建毛坯模型

使用缺省模板,创建一个文件名为"workpiece2"的毛坯模型,模型如图 5-41 所示。保存毛坯模型。

图 5-40　零件模型

图 5-41　毛坯模型

5.4.2.3　创建加工文件

单击"文件"菜单中的"新建"命令,创建一个新的文件。在"新建"对话框中一定要选择文件的种类为"制造"。选择子类型为 NC 组件。

5.4.2.4 创建制造模型

(1)单击“制造模型类型”菜单中的“参照模型”命令,系统显示“打开”对话框。选取创建零件模型“Profile.prt”,并打开该零件模型。系统自动把该零件调入当前的制造模型中,并将它作为加工文件的一个组件。

(2)单击“制造模型类型”菜单中的“工件”命令,系统显示“打开”对话框。选取创建的毛坯模型“workpiece2.prt”,并打开该零件模型。系统自动把该零件调入当前的制造模型中,并将它作为加工文件的一个组件。

(3)装配模型。两个模型都调入加工模型之后,弹出“装配操控”栏。在其中选择坐标系的约束类型,使用零件模型和毛坯模型中的缺省坐标系进行装配,之后返回到“制造模型”菜单。完成后的制造模型如图5-42所示。

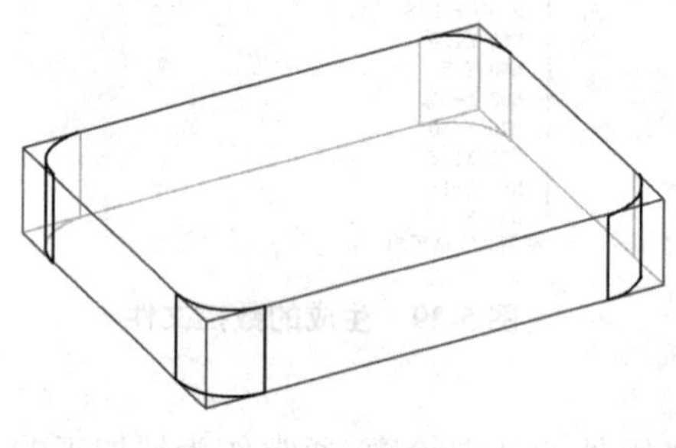

图5-42 制造模型

5.4.2.5 进行操作设置

在“制造”命令菜单中单击“制造设置”命令,然后选择“操作”命令;或者在“制造”命令菜单中单击“加工”,然后选择“操作”命令进行操作设置。其中机床、加工零点是必须设置的内容。

(1)设置机床。使用一个三轴铣床完成轮廓的加工。机床的其他选项使用缺省设置。

(2)设置加工零点。利用菜单中的“插入”→“模型基准”→“坐标系”创建坐标系ACSO。注意调整坐标轴方向,使其方位和机床坐标系的规定一致。然后单击“加工零点”右侧的箭头,系统会提示用户选择坐标系。选择新建坐标系ACSO即可。

(3)设置退刀平面。在“退刀选取”对话框中单击窗口中的“沿 Z 轴”按钮,在“输入 Z 深度”下面的文本框中输入数值为20,单击“OK”按钮。

5.4.2.6 设置NC序列

选择“加工”进入“辅助加工”菜单,进行NC序列设置。

(1)设置加工方式为轮廓加工。使用缺省的“加工”选项,选择加工的方式为“轮廓”,单击“完成”,完成平面加工方法的设置。

(2)设置轮廓加工参数。在“序列设置”菜单中,勾选“名称”复选框,并接受其他的默认选项,单击“完成”。

(3)在信息框中输入该序列的名称“Profile”。

(4)设置刀具。使用端铣刀来加工轮廓,设置合适刀具参数。单击“应用”按钮将设置的刀具应用到加工中。

(5)设置加工工艺参数。在“制造参数”菜单中,单击“设置”命令。按照图5-43所示设置“参数树”对话框。单击“文件”菜单下的“退出”选项,退出加工参数设置窗口。在“制造参数”菜单中单击“完成”,完成加工工艺参数设置。

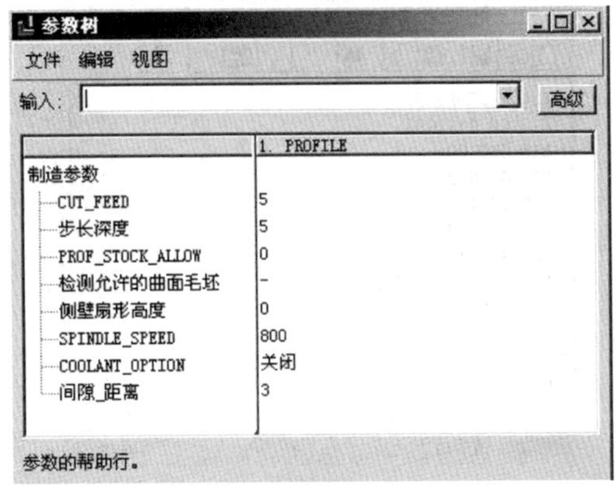

图 5-43　设置工艺参数

(6)选择加工轮廓。在系统弹出的“选取表面”菜单中选择“模型”。然后在图形窗口中选择零件模型的四周的侧表面为加工平面,如图 5-44 所示。单击“完成”,完成加工平面的设置。

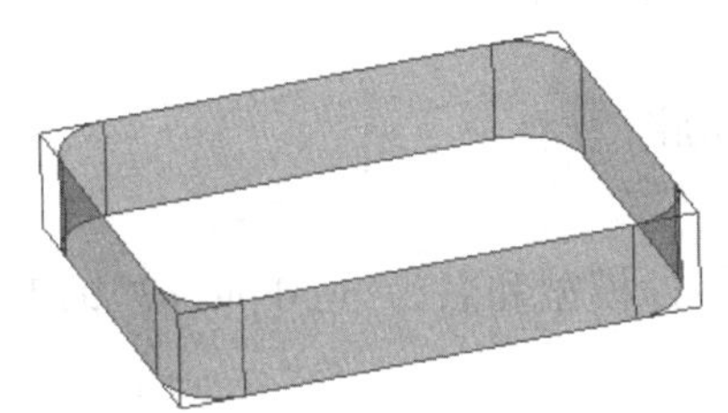

图 5-44　加工表面

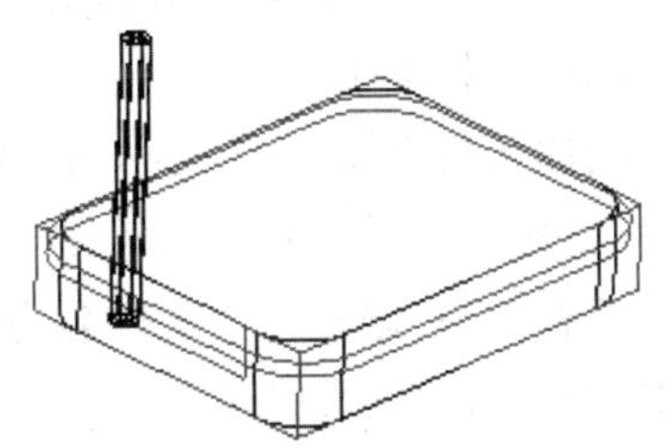

图 5-45　屏幕演示

5.4.2.7　演示加工路径

在“演示路径”菜单中选择“屏幕演示”,使用缺省的设置,单击“完成”。系统自动计算并显示平面的加工走刀轨迹,如图 5-45 所示。

根据屏幕显示的结果或者加工仿真的结果,在“NC 序列”菜单中单击“设置序列”命令,用户可以重新进行 NC 序列的设置。

5.4.2.8　生成 CL 数据文件

在制造菜单中依次选择“CL 数据”→“输出”→“选取一”→“NC 序列”→“Profile”,单击“完成”。并在“输出”菜单中选择“文件”命令,接受默认的文件格式设置,勾选 MCD 文件前面的复选框,单击“完成”。

在系统弹出的“另存为”对话框中输入文件名称“Profile. ncl”,单击对话框中的“OK”按钮,输出 CL 文件。

5.4.2.9　后置处理

在“CL 数据”菜单中选择“后置处理”命令,然后在“打开文件”对话框中选择刚刚生成的“Profile. ncl”文件,单击“打开”按钮。系统接着弹出“后置期处理选项”菜单,使用其默认的选项,并单击“完成”。在弹出的“后置处理列表”菜单中选择“UCNX31. P12”,系统自动生成“Profile. tap”数控文件,如图 5-46 所示。

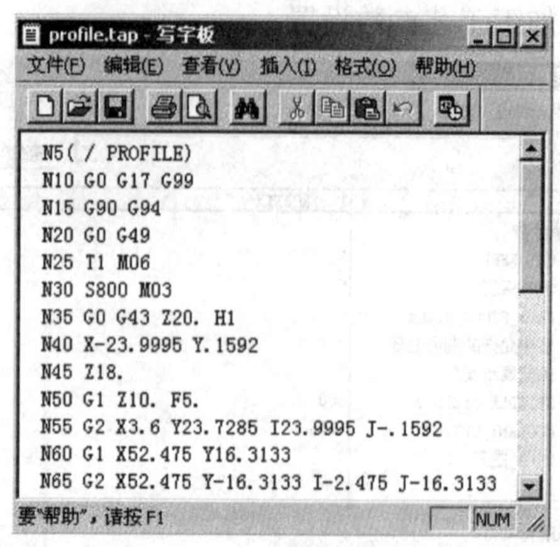

图 5-46 数控文件

5.4.3 体积块铣削实例

体积块铣削是 Pro/NC 数控加工中最基本的材料去除方法和工艺手段。在体积块铣削中,材料是一层一层地去除的,所有的层切面都与退刀面平行。体积块加工方法一般用于粗加工,可以去除工件外部材料,如凹槽的粗加工;将"Rough_Option"参数值设为"Prof_Only",还可以进行凹槽的精加工。

本实例加工仿真图 5-47 所示的零件模型的内型腔。

5.4.3.1 创建参考模型和毛坯模型

使用缺省模板,创建一个文件名为"Profile"的零件模型和名为"workpiece3"的毛坯模型,如图 5-47、图 5-48 所示,保存文件。

图 5-47 零件模型

图 5-48 毛坯模型

5.4.3.2 创建加工文件

单击"文件"菜单中的"新建"命令,创建一个新的文件。在"新建"对话框中选择文件的种类为"制造"。选择子类型为 NC 组件。

5.4.3.3 创建制造模型

(1)单击"制造模型类型"菜单中的"参照模型"命令,系统显示"打开"对话框。选取创建零件模型"Profile. prt",并打开该零件模型。系统自动把该零件调入当前的制造模型中,并将其作为加工文件的一个组件。

(2)单击"制造模型类型"菜单中的"工件"命令,系统显示打开对话框。选取创建毛坯模型 workpiece3. prt,并打开该零件模型。系统自动把该零件调入当前的制造模型中,并将其作为加工文件的一个组件。

(3)装配模型。两个模型都调入加工模型之后,弹出“装配操控栏”。在其中选择坐标系的约束类型,使用零件模型和毛坯模型中的缺省坐标系进行装配,之后返回到“制造模型”菜单。

5.4.3.4　设置加工零点

利用菜单中的“插入”→“模型基准”→“坐标系”创建坐标系 ACSO。注意调整坐标轴方向,使其方位和机床坐标系的规定一致,如图 5-49 所示。

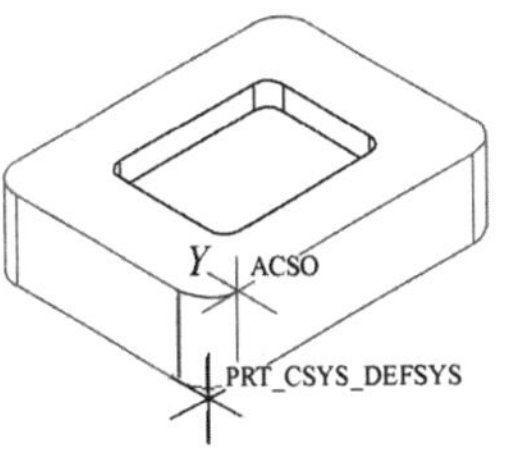

图 5-49　选择加工零点

5.4.3.5　建立铣削体积块

单击“插入”→“制造几何”→“铣削体积块”,采用拉伸工具创建如图 5-50 所示的曲面。

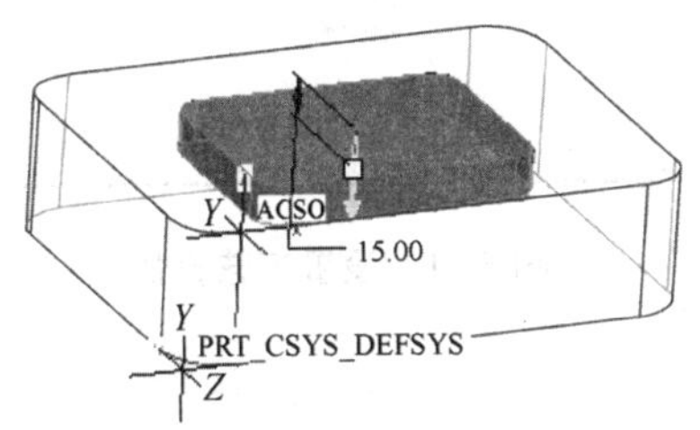

图 5-50　加工表面

5.4.3.6　进行操作设置

在“制造”命令菜单中单击“制造设置”命令,然后选择“操作”命令;或者在“制造”命令菜单中单击“加工”,然后选择“操作”命令进行操作设置。设置机床、加工零点和退刀面。

5.4.3.7　设置 NC 序列

选择“加工”进入“辅助加工”菜单,进行 NC 序列设置。

(1)设置加工方式为体积块。使用缺省的“加工”选项,选择加工的方式为“体积块”,单击“完成”完成加工方法的设置。

(2)设置加工参数。在“序列设置”菜单中,勾选“名称”复选框,并接受其他的默认选项,单击“完成”。

(3)在信息框中输入该序列的名称“Profile”。

(4)设置刀具。使用端铣刀来加工轮廓,设置合适的刀具参数设置。单击“应用”按钮将设置的刀具应用到加工中。

(5)设置加工工艺参数。在“制造参数”菜单中,单击“设置”命令,按照图 5-51 所示设置“参数树”对话框。单击“文件”菜单下的“退出”选项,退出加工参数设置窗口。在“制造参数”菜单中单击“完成”,完成加工工艺参数设置。

(6)选择加工表面。单击“曲面拾取”→“切削曲面”→“完成”命令,选取所添加的铣削体积块,单击“完成”按钮,完成加工表面选择。

5.4.3.8　演示加工路径

在“演示路径”菜单中选择“屏幕演示”,使用缺省的设置,单击“完成”。系统自动计算并显示平面的加工走刀轨迹,如图 5-52 所示。

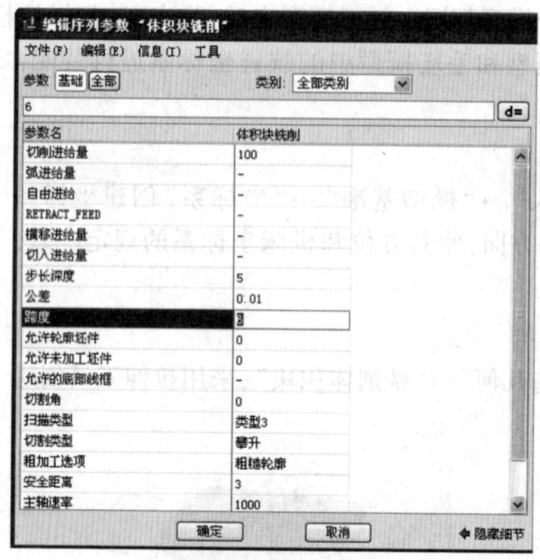

图 5-51　设置工艺参数

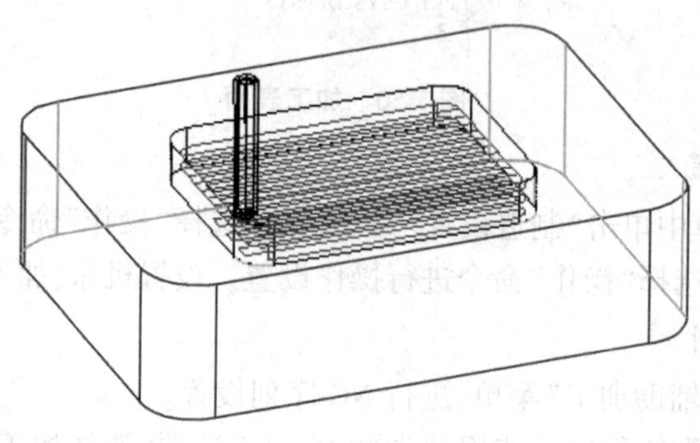

图 5-52　屏幕演示

5.4.3.9　生成 CL 数据文件,进行后置处理

5.5　习题

1. 简述 Pro/NC 的加工流程。

2. 如何设置 NC 加工的退刀平面?

3. 简述使用 Pro/NC 进行加工仿真包括的内容。

4. 毛坯为 70 mm×70 mm×18 mm 板材,六面已粗加工过,要求数控仿真铣削出如图 5-53 所示的槽,工件材料为 45 钢。简述其过程。

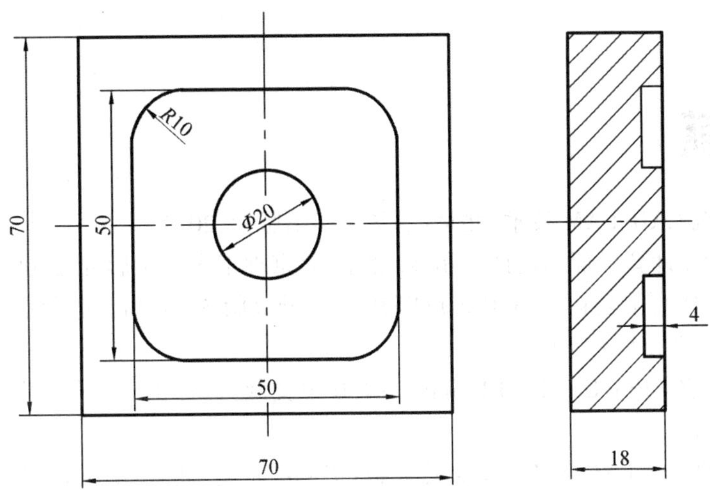

图 5-53　数控铣削零件图

参考文献

[1] 何法江. 机械 CAD/CAM 技术. 北京:清华大学出版社,2012.
[2] 唐承统,阎艳. 计算机辅助设计与制造. 北京:北京理工大学出版社,2008.
[3] 北京兆迪科技有限公司. Pro/ENGINEER 中文野火版 5.0:产品设计实例精解(增值版). 北京:机械工业出版社,2017.
[4] 张武军,徐海军. Pro/ENGINEER Wildfire4.0 中文版:数控加工实例精解. 北京:机械工业出版社,2008.
[5] 李预斌. 精通 Pro/ENGINEER 中文野火版:实例进阶篇. 北京:中国青年出版社,2004.